Viola Schillinger

# Meer schweinchen

*So geht es deinen Tieren gut*

Mit den wichtigsten **Dos** & **Don'ts**

KOSMOS

# Inhalt



---

Die Reihe mit den Dos & Don'ts

*Do!* *Don't*

⟶ **Auf einen Blick** Die Dos & Don'ts geben dir einen schnellen Überblick, um das Wesentliche auf den jeweiligen Seiten zu erfassen. Auch in den Umschlagklappen findest Du vorne alle wichtigen Dos und hinten alle Don'ts für deine Meerschweinchenhaltung.

Mehr entdecken, mehr verstehen

DAS KOSMOS VERSPRECHEN

Expertenwissen seit 1822

Welches Thema dich auch begeistert – auf unsere Expertise kannst du dich verlassen. Und das schon seit über 200 Jahren.

Unser Anspruch ist es, dich mit wertvollem Rat zu begleiten, dich zu inspirieren und deinen Horizont zu erweitern.

**BEGEISTERUNG DURCH KOMPETENZ**

Unsere Autorinnen und Autoren vereinen professionelles Know-how mit großer Leidenschaft für ihre Themen.

**WISSEN, DAS DICH WEITERBRINGT**

Leicht verständlich, lebensnah und informativ für dich auf den Punkt gebracht.

**SACHVERSTAND, DEN MAN SEHEN KANN**

Mit aussagestarken Fotos, Zeichnungen und Grafiken werden Inhalte besonders anschaulich aufbereitet.

**QUALITÄT FÜR HEUTE UND MORGEN**

Dafür sorgen langlebige Verarbeitung und ressourcenschonende Produktion.

Du hast noch Fragen oder Anregungen?
Dann kontaktiere unsere Service-Hotline: 0711 25 29 58 70
Oder schreibe uns: kosmos.de/servicecenter

# Meerschweinchen aussuchen

*Vom Wunsch zum Einzug*

# Überlegungen vor dem Einzug

→ Meerschweinchen sind possierliche Tiere, die in Windeseile unsere Herzen erobern. Hat man sich erst einmal in ein Meerschweinchen verliebt, entscheidet oft nur noch das Gefühl. Gerade bei der Adoption neuer Meerschweinchen können jedoch viele Fehler von Anfang an vermieden werden, wenn man sich zuvor etwas erkundigt. Dann steht dem glücklichen Zusammenleben von Mensch und Tier nichts mehr im Wege.

## Mit Meerschweinchen zur Miete

Meerschweinchen gelten im Mietrecht als Kleintiere, sie sind weder genehmigungspflichtig noch dürfen sie pauschal vom Vermieter verboten werden. Entsprechende Klauseln im Mietvertrag sind unwirksam. Es ist anzuraten, die Tiere in den Mietvertrag eintragen zu lassen. Für Kleintierschäden kommt häufig die private Haftpflichtversicherung auf.

### Kosten im Überblick

| | | |
|---|---|---|
| **Anschaffungskosten** | Zwei Tiere | 100 - 150 € (parasitenfrei, Böckchen bereits kastriert) oder ca. 30 - 60 € + ca. 30 € Kotprobe, ca. 200 € je Kastration |
| | Innengehege | Ca. 50 - 200 € (Gehegeumrandung, PVC-Boden, Wohnungssicherung, ...) |
| | Außengehege | Großes, mardersicheres Gehege mit Volierendraht und Schutzhütte ca. 200 - 500 € |
| | Zubehör | Ca. 150 € (Tunnel, große Häuschen mit mindestens 2 Eingängen, Futternäpfe, Trinknapf, Beschäftigungszubehör, Raufen, ...) |
| **Laufende Kosten im Monat** | Einstreu | Ca. 50 €/Monat |
| | Futter | Ca. 2 €/Tag/Tier, wenn im Sommer gepflückt und im Winter saisonal gekauft wird, sonst eher 4 €/Tag/Tier einplanen |
| | Zubehör etc. | Ca. 15 €/Monat |
| **Zusätzliche Kosten** | Erkrankungen | Schnell im drei- oder vierstelligen Bereich, schwer kalkulierbar. Geldpolster von 1.000€ je Meerschweinchen einplanen und monatlich Geld zurücklegen. |

Die Futtermengen werden häufig unterschätzt – zwei Meerschweinchen fressen mehr als ein Kilo Frischfutter am Tag, im Winter ist das mit höheren Kosten verbunden.

## „Das hätten wir gerne vorher gewusst"

Fragt man, was Neulinge in der Haltung am meisten unterschätzt haben, so werden oft diese Punkte aufgeführt:

**Keine Kuscheltiere** Meerschweinchen mögen keinen Körperkontakt, sie kuscheln auch nicht untereinander. Auch wenn sie plüschig aussehen, sind es reine Beobachtungstiere.

**Kleinvieh macht auch Mist** Die Einstreumengen für Meerschweinchen sind gewaltig und überfüllen schnell den Hausmüll. Zusätzliche Müllsäcke oder die Möglichkeit, es zu kompostieren beziehungsweise auf einen Misthaufen zu bringen, sollten auf jeden Fall eingeplant werden.

**Ein ewiger Kreislauf** Meerschweinchen sind sehr soziale Tiere, man kann sie nur in der Gesellschaft anderer Meerschweinchen halten. Deshalb kann es schwer sein, aus der Haltung auszusteigen, da man immer ein zweites Partnertier benötigt. Ein „Meerschweinchen auf Zeit" kann dieses Problem lösen oder man vermittelt das übrig gebliebene Tier in gute Hände.

**Hohe Kosten** Besonders die großen Frischfuttermengen im Winter und die tierärztliche Versorgung sind recht kostenintensiv und werden häufig unterschätzt. Auch wenn sie klein sind, kostet der Unterhalt nicht weniger als z. B. der von zwei Katzen.

## Passen Meerschweinchen zu mir?

- ○ Bin ich gegen Meerschweinchen, Heu oder Staub allergisch?
- ○ Habe ich eine zuverlässige Urlaubsbetreuung (Tierpension, mobile Tierbetreuung, Freunde, Verwandte)?
- ○ Meerschweinchen sind relativ scheue und empfindliche Tiere, die sich lieber beobachten als anfassen lassen – bin ich mir dessen bewusst?
- ○ Meerschweinchen können sehr teuer sein: Kann ich die Kosten für die Haltung und den Tierarzt stemmen?
- ○ Meerschweinchen werden 6 – 8 Jahre alt. Kann ich mir vorstellen, sie auch noch in 8 Jahren optimal zu versorgen?
- ○ Meerschweinchen machen gerade im Haus sehr viel Dreck. Kann ich mit umherfliegender Einstreu leben?
- ○ Meerschweinchen sind wechselaktiv und daher auch nachts unterwegs. Kann ich sie außerhalb des Kinder- und Schlafzimmers unterbringen?
- ○ Sie brauchen mindestens 2 Quadratmeter Platz auf einer Ebene, kann ich ihnen diesen bieten?
- ○ Der tägliche Zeitaufwand ist erheblich! Habe ich etwa ½ bis 1 Stunde Zeit für Futterbeschaffung, Check-up und Reinigung des Geheges?

# Meerschweinchen als Familientiere?

⟶ Das putzige Aussehen und ihr liebenswerter Charakter haben dafür gesorgt, dass Meerschweinchen der Ruf als ideale Kindertiere vorauseilt. Aber auch wenn diese selten beißen und alles still ertragen, sind viele Familien enttäuscht, wenn die Tiere erst einmal eingezogen sind. Meerschweinchen sind sehr ängstliche Tiere, die weder gerne angehoben noch bekuschelt werden (siehe S. 74 ff.). In der Natur kuscheln sie mit Artgenossen nur bei größter Angst. Nimmt man sie auf den Schoß, so ertragen sie das Streicheln zwar, ohne sich zu wehren, sind anschließend aber sehr verängstigt und verkriechen sich so, dass man sie kaum zu Gesicht bekommt. Auch Kinderlärm und hastige Bewegungen lösen Fluchtverhalten aus. So passiert es recht häufig, dass man als Familie vor einem scheinbar unbewohnten Gehege steht und die Tiere vor Angst kaum ihr Häuschen verlassen. Kinder wünschen sich meistens ein Tier zum Liebkosen, Streicheln und Herumtragen – dieser Vorstellung werden Meerschweinchen leider nicht gerecht.

*Mein Tipp*

**Leben Meerschweinchen in einer Familie mit Kindern, sollte das Gehege in einem ruhigen Raum eingeplant und der sensible Umgang mit den ängstlichen Fluchttieren von den Eltern altersgerecht angeleitet werden.**

## Kinder brauchen Anleitung

Meerschweinchen können als reine Beobachtungstiere in der Familie gehalten werden, wenn die Eltern die Verantwortung tragen. Kleinkinder dürfen nur unter Aufsicht Zutritt zu den Tieren haben, da sie noch zu grobmotorisch sind und die Meerschweinchen schwer verletzen können. Ab dem Kindergartenalter können Kinder an einen respektvollen Umgang mit den Meerschweinchen herangeführt werden und begreifen, dass sie nicht angehoben werden möchten und Angst bekommen, wenn man ihnen hinterherläuft. In diesem Alter bauen Kinder oft sehr gerne Abenteuerparcours aus Karton (siehe S. 78 f.) für die Meerschweinchen und lernen, sie aus der Hand zu füttern. Je nach Entwicklung sind einige Kinder ab zehn Jahren in der Lage, einen Teil der Versorgung eigenverantwortlich zu übernehmen. Kinder verlieren schnell das Interesse oder sind mit einer stetigen Versorgung überfordert, die Eltern sollten deshalb unbedingt hinter der Haltung stehen und das Kind bei der Versorgung und Pflege unterstützen.

Kinder haben oftmals einen besonderen Zugang zu Tieren, wenn sie richtig durch verantwortungsvolle Erwachsene herangeführt werden.

# Erstausstattung für Meerschweinchen

⟶ Die Grundausstattung sollte schon vor dem Einzug vorbereitet werden. Der Handel hält allerlei Zubehör für Meerschweinchen bereit, mit der Liste fällt es leicht, Wichtiges von Überflüssigem zu unterscheiden und Fehlkäufe zu vermeiden.

- Transportbox

## Zubehör

- Heuraufe (oben mit einem Brett abgedeckt, sonst besteht Verletzungsgefahr!)
- Trinknapf (standsicher aus Keramik, keine Trinkflasche)
- Einstreu, z. B. Kleintierstreu
- Häuschen (mindestens eins mehr als Tiere vorhanden, mindestens 40 x 30 cm, im Handel sind einige zu klein)
- Tunnel aus Weide, Holz oder Stein
- Etagen , z. B. ein Holzbrett mit vier Beinen
- Kuschelrollen, Hängematten und Kuschelhöhlen

## Pflege

- Besen und Handfeger mit Kehrblech zur Reinigung des Geheges
- Hausapotheke, siehe S. 89
- Krallenschere

Die Grundausstattung sollte bereits vorhanden sein, wenn die Meerschweinchen einziehen.

Die Häuschen sollten zwei Eingänge haben, damit unterlegene Meerschweinchen ausweichen können.

Hängematten und Kuschelhöhlen werden von Meerschweinchen geliebt.

- Essigessenz oder Zitronensäure, die mit etwas Einwirkzeit den Urinstein löst
- Schaue nach einer meerschweinchenkundigen Tierärztin oder einem Tierarzt in deiner Umgebung (siehe S. 89)! Die meisten Tierärzt:innen kennen sich zu wenig mit Meerschweinchen aus

## Futter

- Heu
- blättriges Gemüse oder Wiese
- Leckerlis (siehe Seite 54 ff. ...)
- Zweige oder Tunnel aus Weide

## Haltung in der Wohnung

- Umzäunung aus Brettern oder Plexiglas fürs Innengehege (keinen Käfig!) (siehe S. 26 ff.)
- PVC-/Vinylboden als Unterlage, z. B. aus dem Möbelhaus oder vom Baumarkt (größer als das Gehege, damit die Ränder nicht benagt werden können!)

## Haltung im Garten

- Ein mardersicheres Außengehege (gekauft oder selbst gebaut, siehe Seite 30 ff.)
- Eine stabile Schutzhütte (keinen handelsüblicher Stall) mit min. 0,7 $m^2$ Grundfläche, größere Schutzhütten mit Kammern unterteilt (siehe S. 34 f)
- Ein rundum mit stabilen Rahmen und Draht gesichertes Freilaufgehege für tagsüber

### Mein Tipp

Im Handel wird jede Menge gesundheitsschädliches, gefährliches oder ungeeignetes Zubehör angeboten, das unsere Meerschweinchen krank machen kann. Einsteigerinnen und Einsteiger erwerben häufig zu kleine Häuschen mit nur einem Eingang, Häuschen mit Fenstern, in denen die Tiere stecken bleiben, oder Plastikhäuschen, in denen sie Pilzerkrankungen entwickeln können, Salzlecksteine, handelsübliches Futter (siehe S. 64 ff.), gefährliche Raufen ohne Abdeckung, Einstreu mit Duftstoffen (z. B. Zitrus) oder auch klassische Käfige, die einfach viel zu klein sind. Informiere dich von Anfang an und vermeide so, deine Tiere zu gefährden oder viel Geld für ungeeignetes Zubehör auszugeben.

# Gesunde Meerschweinchen finden

## Wo kann ich ein gesundes Meerschweinchen adoptieren?

Süße Fotos von putzigen Meerschweinchen vor einem schönen Hintergrund in Kleinanzeigenportalen oder saubere Gehege in Zoohandlungen täuschen häufig darüber hinweg, dass die Meerschweinchen unter schlechten Bedingungen groß werden. Kaufe nie Meerschweinchen, bei denen du nicht die Elterntiere und das Gehege, in denen sie groß geworden sind, begutachten kannst. Überzeuge dich selbst davon, dass die Jungtiere in großen, gepflegten Gehegen aufwachsen, und dass alle Tiere in einem guten Zustand sind.

Seriöse Abgabestellen halten die Tiere in großen, artgerechten, sauberen Gehegen.

### Keine Abstriche machen

Es macht keinen Sinn, Abstriche zu machen. Jungtiere, die mit Trockenfutter aufgezogen werden, entwickeln dadurch eine andere Schädelform und Muskulatur, sodass später Zahnerkrankungen wahrscheinlich sind. Werden Böckchen unkastriert abgegeben, so kommt es nicht nur immer wieder zu unerwünschtem Nachwuchs, selbst bei rechtzeitiger Trennung und Kastration müssen die Böckchen sehr früh vom Muttertier separiert werden. Die frühe Trennung mit etwa drei bis vier Wochen (bzw. 250 g) schadet der Entwicklung des Immunsystems und des Sozialverhaltens. Mit der Wahl gesunder Meerschweinchen wird der wichtigste Baustein für die Haltung gelegt. Die Checkliste hilft dabei, alle Faktoren, die spätere Erkrankungen auslösen können, auszuschließen.

### Meerschweinchen aus dem Tierheim?

Viele Tierheime sind sehr hochwertige Abgabestellen, da sie meistens gut beraten, die Meerschweinchen kastriert und komplett tierärztlich durchgecheckt abgeben. Die Schutzgebühr deckt nur einen Bruchteil der Kosten für diese Aufwendungen. Wenn es

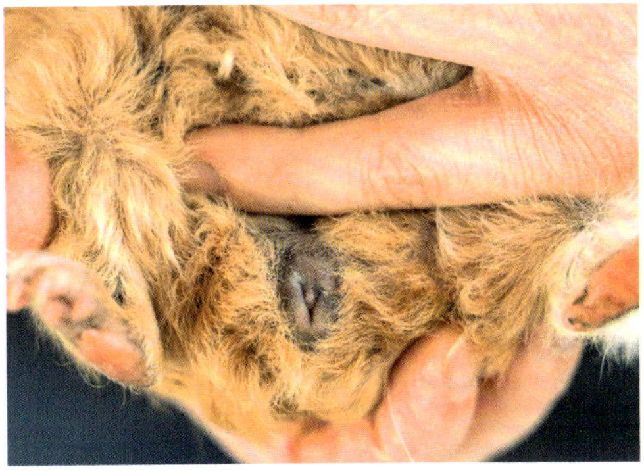

Weibchen: Sie sind an der Y-förmigen Öffnung gut zu erkennen.

Männchen: Mit etwas Druck auf dem Bauch kann man den Penis ausschachten.

im größeren Umkreis solch ein Tierheim gibt, kann man dort gesunde Meerschweinchen adoptieren. Aktuell werden mehr Meerschweinchen nachgezüchtet, als es gute Plätze gibt, die Tierheime sind oftmals komplett überfüllt. Man findet eine große Auswahl an Rassen und Farben, außerdem gibt es auch viele Jungtiere.

### Der kleine Unterschied

Weibchen haben eine Y-förmige Öffnung. Böckchen sind anhand der i-förmigen Öffnung zu erkennen. Wenn du unsicher bist, kannst du es dir gern von Menschen, die schon länger Meerschweinchen halten, zeigen und erklären lassen.

## Eine gute Abgabestelle

- vermittelt nur (früh-)kastrierte Böckchen. Durch die Frühkastration zwischen der dritten und vierten Lebenswoche können die Jungtiere länger beim Muttertier bleiben.
- vermittelt nur Meerschweinchen ohne Darmparasiten (durch Kotproben bestätigt).
- vermittelt nur Jungtiere ab 6 Wochen, ideal ist eine Abgabe ab der 8. Lebenswoche.
- züchtet keine Meerschweinchen mit Qualzuchtmerkmalen (siehe S. 16 f) gezielt nach.
- steht bei Problemen und Fragen jederzeit auch nach der Vermittlung bereit.
- nimmt die Tiere jederzeit zurück.
- füttert die Meerschweinchen ausschließlich mit viel Frischfutter und Heu und nicht mit Pellets oder handelsüblichem Futter.
- interessiert sich für deine Haltung. Tiere werden nur in artgerechte Haltung abgegeben.
- schließt einen Schutzvertrag zum Wohle des Meerschweinchens ab.
- berät bei der Vergesellschaftung.
- zeigt die gesamte (Zucht-)Anlage und das Muttertier, nicht nur den Wurf oder die einzelnen Meerschweinchen.
- hält alle Meerschweinchen in großen Gehegen und nicht in kleinen Ställen oder Käfigen, die Gehege sind sauber, gepflegt, abwechslungsreich gestaltet (siehe S. 26 ff).
- vermittelt gesunde Meerschweinchen, kranke Tiere werden behandelt.
- hat nichts dagegen, dass du das Meerschweinchen intensiv untersuchst (siehe S. 80 ff).

# Wer passt zusammen?

⟶ Meerschweinchen sind hoch soziale Tiere, sie dürfen niemals alleine gehalten werden, denn das widerspricht dem deutschen Tierschutzgesetz, das festlegt, dass Meerschweinchen „ihrer Art und ihren Bedürfnissen" entsprechend gehalten werden müssen.

## Gruppenzusammenstellung

### Gemischte Gruppen

Ideal ist die Haltung eines kastrierten Böckchens und einem oder mehreren Weibchen. In sehr großen gemischten Gruppen können mehrere kastrierte Böckchen leben, wenn diese gut sozialisiert sind und je Bock mindestens zwei bis drei Weibchen gehalten werden.

### Reine Weibchengruppen

Von reinen Weibchengruppen rate ich ab: Es gibt einen großen Böckchenüberschuss, der dadurch verstärkt wird. Weibchen profitieren von einem Kastraten. Ein positiver Einfluss des Kastraten zur Vorbeugung von Ovarialzysten wird diskutiert, ist bisher aber nicht bewiesen. Die ranghohen Weibchen maskulinisieren ohne Kastrat.

Meerschweinchen fühlen sich in Gruppen am wohlsten, eine Einzelhaltung ist ungeeignet.

Rosetten-Meerschweinchen haben Fellwirbel, die Rasse ist sehr gesund.

Glatthaar-Meerschweinchen gibt es in allen Farben, das Fell ist sehr pflegeleicht.

### Reine Böckchengruppen

Zwei Böckchen oder eine große Böckchengruppe sind ebenfalls eine geeignete Konstellation, letztere sollten jedoch erfahrenen Haltern vorbehalten sein, da oftmals eine feine Beobachtungsgabe und starke Nerven gefragt sind.

### Jungtiergruppen

Jungtiere unter einem halben Jahr sollten zudem immer ein sozialkompetentes Erzieher-Meerschweinchen hinzugesellt bekommen, welches ihnen Sozialverhalten beibringt.

## Welche Rasse?

Hausmeerschweinchen gibt es im Unterschied zum Wildmeerschweinchen in allen Farben und mit unterschiedlich beschaffenem Fell. Dabei werden die drei Grundfarben Schwarz, Rot und Braun unterschieden, zahlreiche Aufhellungen bis hin zu Weiß ermöglichen eine große Vielfalt an Farbvarianten und Zeichnungen. Daneben wird nach Kurzhaar- und Langhaarrassen unterschieden. Manche Zuchten sind in Bezug auf die Gesundheit jedoch nicht ganz unproblematisch. Mehr dazu findest du auf der nächsten Seite.

Ein älteres Meerschweinchen eignet sich gut als Erzieher für Jungtiere.

### Ein kurzer Überblick

- Kurzes, glattes Fell = Glatthaar
- Fellwirbel = Rosette
- Ein Fellwirbel auf dem Kopf = Crested
- Kurzes, krauses Fell = US-Teddy, Rex
- Langes, glattes Fell = Sheltie
- Langes Fell mit Wirbeln = Angora, Peruaner, Coronet
- Langes, gelocktes Fell = Texel, Marino, Alpaka, Lunkarya, Minipli, CH-Teddy
- Sehr große, scheue Meerschweinchen = Cuy (wegen des Fleisches gezüchtet)
- Besonders glänzendes Fell = Satin

> Meerschweinchen mit gekräuseltem Fell haben häufig verkümmerte, verkürzte oder gelockte Tasthaare, sodass die Nahwahrnehmung eingeschränkt ist.

∨ Meerschweinchen mit langen Haaren sind sehr pflegeintensiv, da sie sonst verfilzen. Durch die intensive Fellpflege werden sie oft sehr scheu.

∧ Schimmel- und Dalmatiner-Meerschweinchen dürfen niemals miteinander verpaart werden.

> Meerschweinchen mit Erdbeeraugen sind sehr schnell geblendet und sehbehindert, sie sollten vorwiegend im Schatten gehalten werden.

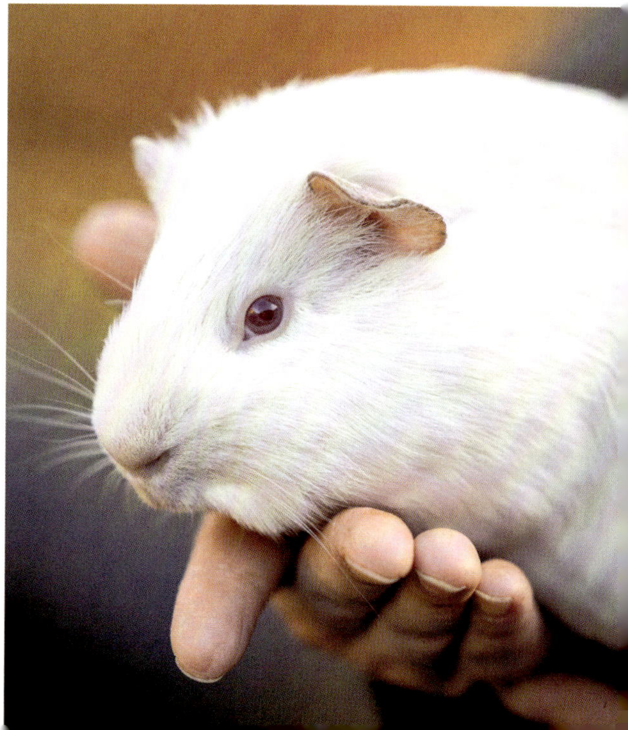

## Auf das Fell achten

Meerschweinchen mit verändertem Fell haben mit so manchem Problem zu kämpfen. Am gesündesten sind Meerschweinchen mit glatten Haaren oder Wirbeln.

**Satin** Das glänzende, schimmernde Fell sieht sehr schön aus, einige Meerschweinchen dieser Zuchten sind jedoch von einer schweren, schmerzhaften Erberkrankung betroffen (Osteodystrophie), bei der die Knochen abgebaut werden, sodass die Tiere unter Schmerzen leiden und oft eingeschläfert werden müssen.

**Gekräuseltes Fell** Auch wenn Meerschweinchen mit gekräuselten Haaren sehr putzig aussehen, sind häufig auch die Schnurrbarthaare (Vibrissen) gelockt, verkürzt oder verkümmert: Vibrissen sind ein Sinnesorgan zur Nahwahrnehmung, betroffene Meerschweinchen sind deshalb in der Wahrnehmung ihrer Umgebung eingeschränkt. Die Haut dieser Rassen ist zudem sehr trocken und schuppt sehr stark.

**Langes Fell** Meerschweinchen sind von Natur aus eher schüchtern und suchen i. d. R. nicht den Kontakt zum Menschen. Deshalb können gerade Rassen mit langen Haaren, die zu Verfilzungen neigen, für scheue oder ängstliche Meerschweinchen zur Qual werden. Die Fellpflege ist für solche Tiere oftmals mit ausgesprochen viel Stress und Angst verbunden. Wird die Fellpflege vernachlässigt, entstehen schmerzhafte Verfilzungen und es verfängt sich Kot und Schmutz im Fell. Bei guter Fellpflege werden viele Meerschweinchen durch das ständige Pflegen scheu.

**Nacktmeerschweinchen (Skinny & Baldwins)** Meerschweinchen ohne Fell verfügen oftmals auch über keine oder verkümmerte Tasthaare, wodurch die Wahrnehmung eingeschränkt ist (siehe gekräuseltes Fell). Zudem bekommen sie schnell Sonnenbrand, Pilze und Parasiten, sind schlecht vor Kälte und Hitze geschützt und teils ist ihre Lebenserwartung verringert.

## Problemzuchten meiden

Meerschweinchen, die unter ihrer Zucht leiden, wurden oftmals wegen ihres schönen Aussehens gezüchtet, aber gelten als Qualzucht, da sie darunter leiden. Die Nachzucht solcher Meerschweinchen sollte nicht unterstützt werden. Möchte man sie gerne halten, so gibt es im Tierheim aber viele Meerschweinchen, die auf ein gutes Zuhause warten.

**Rote Augen** (Erdbeeraugen) sind auf einen Gendefekt zurückzuführen. Meerschweinchen mit roten Augen sind schwer sehbehindert, sodass sie nicht räumlich sehen können und bei Helligkeit so geblendet sind, dass sie kaum etwas wahrnehmen. Zudem sind die weiß behaarten Regionen empfindlich für Sonnenbrand. Sie müssen im Schatten gehalten werden. Sie reagieren empfindlicher auf laute Geräusche und bekommen schneller Hörschäden.

**Schimmel und Dalmatiner** Meerschweinchen, die das Dalmatiner- oder Schimmelgen tragen, sind dadurch nicht krank, es ist jedoch wichtig, dass niemals zwei Träger miteinander verpaart werden. Da oftmals nicht bekannt ist, welche Tiere Träger sind, sollten Meerschweinchen mit Weißanteil grundsätzlich nur mit Tieren ohne Weißanteil verpaart werden.

### Mein Tipp

**Wähle Meerschweinchen mit langer Schnauze aus. Runde Köpfe mit zu kurzen Nasen sind oft mit einer Veranlagung für Zahnerkrankungen und anderen Gesundheitsproblemen verbunden.**

für Kids

# Meeri-Führerschein

Teste dein Wissen

Freiwillig

Grünzeug

Zusammen

**So sind Meerschweinchen!** Sie kommen aus Südamerika, sind Fluchttiere und leben in Gruppen zusammen. Sie wohnen in verlassenen Höhlen, suchen Schutz im hohen Gras und essen am liebsten Gräser, Kräuter und Blätter.

## Bist du ein Meerschweinchen-Kenner?

**1. Warum mögen Meerschweinchen nicht mit dir kuscheln?**
a) Weil sie Menschen nicht mögen.
b) Weil sie auch mit anderen Meerschweinchen nicht kuscheln.
c) Weil sie Angst vor dir haben.

**2. Wie viele Meerschweinchen müssen mindestens zusammenleben?**
a) Schweinchen sind auch alleine glücklich.
b) Mindestens zwei Meerschweinchen müssen es sein.
c) Nur in der Gruppe sind sie glücklich.

**3. Dein Meerschweinchen stößt beim Streicheln seinen Kopf gegen deine Hand, was möchte es dir sagen?**
a) Es möchte weiter gestreichelt werden.
b) Es mag dich sehr.
c) Es mag in Ruhe gelassen werden.

**4. Wann dürfen Meerschweinchen angehoben werden?**
a) Nur in besonderen Fällen, z. B. wenn sie zum Tierarzt müssen.
b) Zum Kuscheln und Schmusen.
c) Um ihnen etwas Neues zu zeigen

**5. Warum haben Meerschweinchen beim Hochheben Angst?**
a) Weil sie Höhenangst haben.
b) Weil sie nicht Auto fahren möchten.
c) Weil sie denken, dass sie vom Raubtier erbeutet wurden.

**6. Wer darf Meerschweinchen hochheben?**
a) Kinder ab dem Kindergartenalter.
b) Kinder ab dem Schulalter.
c) Nur Erwachsene oder erfahrene Jugendliche.

**7. Was dürfen Meeris nicht fressen?**
a) Kohl
b) Hartes Brot und Semmeln
c) Gräser von der Wiese

**8. Was bedeutet es, wenn ein Meerschweinchen beim Streicheln gurrt?**
a) Es fühlt sich gar nicht wohl.
b) Es mag es, so wie die schnurrende Katze.
c) Es möchte etwas fressen.

**9. Darf man den Meerschweinchen etwas von den Süßigkeiten abgeben?**
a) Ja klar, etwas naschen dürfen sie.
b) Nur als Nachtisch, wenn sie davor gesund gegessen haben.
c) Auf keinen Fall, sie bekommen Bauchweh und werden krank.

**Lösung:** 1. b) 2. b) 3. c) 4. a) 5. c) 6. c) 7. b) 8. a) 9. c)

# Meerschweinchen aneinander gewöhnen

→ Kommt ein neues Tier in die Gruppe, muss als erstes die Rangordnung geklärt werden. Das kann bestenfalls nach einer kurzen Auseinandersetzung harmlos verlaufen oder aber sogar in Rangkämpfe ausarten. Deshalb sollten unnötige Vergesellschaftungen vermieden werden.

## Gesund und fit

Eine Zusammenführung verursacht Stress bei den beteiligten Meerschweinchen, sodass das Immunsystem geschwächt werden kann. Zudem birgt es das Risiko, dass Krankheiten übertragen werden können. Deshalb empfiehlt es sich, im Zweifelsfall einen Check-up in einer meerschweinchenkundigen Tierarztpraxis durchführen zu lassen und Kot abzugeben, der auf ansteckende Darmparasiten untersucht wird. Kommt das Meerschweinchen aus weniger guten Verhältnissen, sollte es ein paar Tage in Quarantäne beobachtet und genau untersucht werden, bevor man es zu den eigenen Meerschweinchen lässt.

### Böckchengruppen und dominante Weibchen

Besonders Böckchengruppen und dominante Weibchen sollten außerhalb des Revieres auf einem neutralen Gebiet, das die Meerschweinchen noch nicht kennen, aufeinandertreffen. Andere Meerschweinchen können auch im Gehege vergesellschaftet werden, wenn dieses groß genug ist.

**Do!**

- Weitläufiges Gehege ohne Sackgassen
- Geruchaustausch durch das Einreiben mit Streu
- Meerschweinchen jagen und kämpfen lassen
- Regelmäßig auf Wunden untersuchen

**Don't**

- Sackgassen, wie z. B. Häuschen mit einem Eingang
- Meerschweinchen dazwischen trennen, z. B. nachts
- Meerschweinchen auf dem Schoß zusammenführen
- Meerschweinchen am Gitter beschnüffeln lassen
- Vorschnelle Trennung bei Kämpfen

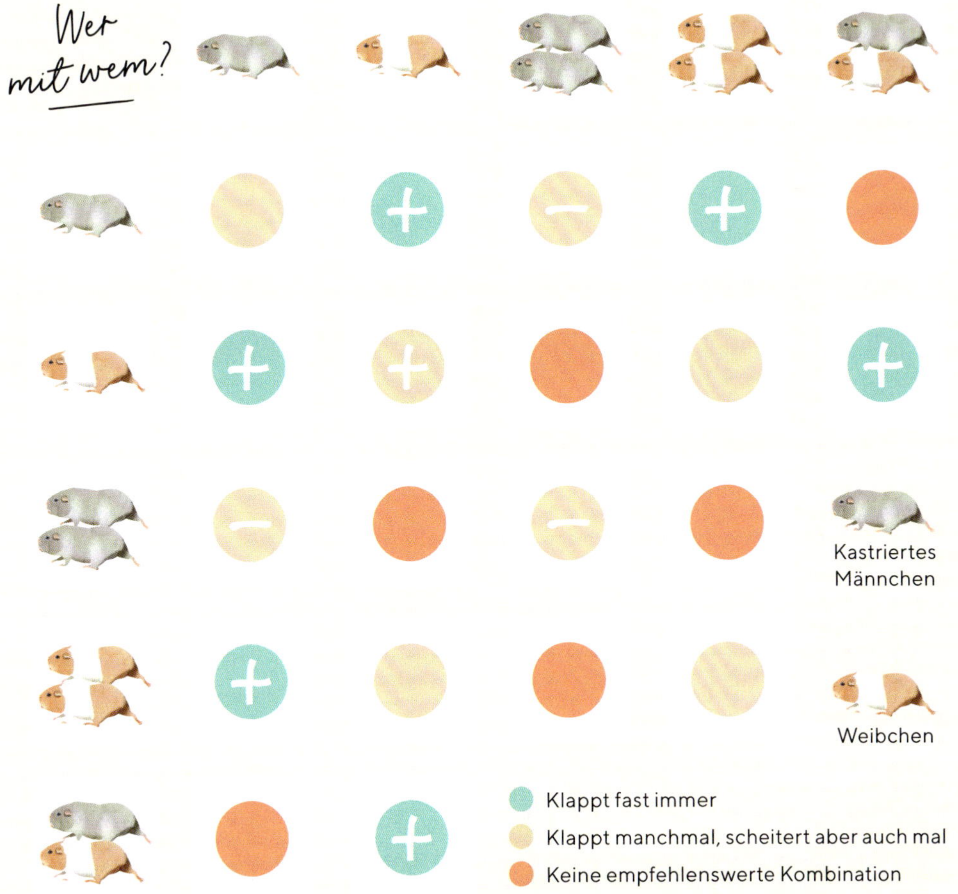


**Neutraler Bereich**

Als neutralen Bereich zäunt man am besten im Badezimmer, Flur oder in der Küche eine Ecke ab und legt sie mit frisch gewaschenen oder neuen Decken aus. Umgedrehte Pappkartons sind als Häuschen ideal, mit einem Messer werden mindestens drei Eingänge je Häuschen reingeschnitten. Prinzipiell sollten immer mehr Papphäuschen als Meerschweinchen angeboten werden. Um Sackgassen zu vermeiden, werden sie nicht an den Rand des Geheges platziert. Mehrere Heuberge und Futterstellen sowie ein Wassernapf sind wichtig.

## Mein Tipp

**Es kann durchaus ein paar Tage dauern, bis die Vergesellschaftung abgeschlossen ist. Wähle deshalb den Bereich sorgfältig aus, sodass das Gehege auch etwas länger stehenbleiben kann.**

In den ersten Stunden sollten die Meerschweinchen genauer beobachtet werden, anschließend kann man stundenweise den Raum verlassen.

## Es geht los …

**Gruppengeruch** Meerschweinchen haben einen Gruppengeruch, den man durch das Einreiben mit der gebrauchten Streu des anderen Tieres herstellen kann.

**Alle gleichzeitig** Alle Meerschweinchen werden zeitgleich oder kurz hintereinander ins Gehege gesetzt. Es kommt nicht auf die Minute an, das erste Tier sollte jedoch zwischenzeitlich nicht das Gehege erkunden können.

Anfangs halten die Meerschweinchen eher Abstand zueinander.

Wenn die Tiere den Kopf nach oben strecken und erstarren, ist das ein Zeichen für eine Auseinandersetzung.

### So kann es aussehen

Ranghohe Tiere versuchen ihren Rang zu verteidigen, indem sie andere Meerschweinchen besteigen, mit auffälligem Gang um sie herum brommseln oder auch mit den Zähnen klappern. Auch wildere Jagereien durch das Gehege und das Schnappen nach anderen Meerschweinchen sind normal. Erst wenn die Rangfolge geklärt ist und das rangniedrigere Tier seine Position akzeptiert hat, wird es ruhiger und die Tiere arrangieren sich.

### Wann macht es keinen Sinn?

Einer der häufigsten Fehler bei der Zusammenführung neuer Tiere ist die vorschnelle Trennung. Oft wird aus Angst, dass sie sich was tun könnten, zu schnell getrennt. Beim erneuten Zusammensetzen der Meerschweinchen fängt das Ausfechten der Rangordnung wieder von vorne an, dadurch haben die Meerschweinchen unnötig viel Stress. Die ein oder andere kleine Bissverletzung oder ein eingerissenes Öhrchen sollten noch kein Grund zur Beunruhigung sein.
Sollte ein Tier permanent gejagt und gebissen werden, sodass es gar nicht mehr zur Ruhe kommt, verbeißen sich zwei Meerschweinchen extrem ineinander, sodass tiefe Bisswunden entstehen, ist die Vergesellschaftung gescheitert und man sollte die Tiere trennen.

### Umzug ins alte Gehege

Haben sich die Kämpfe und Jagereien beruhigt und wurde das neue Meerschweinchen in die Gruppe integriert, wartet man noch eine Nacht, dann dürfen die Meerschweinchen zurück ins alte Revier ziehen.
Eine gründliche Reinigung und das Umstellen der Einrichtung hilft dabei, dass die Umsiedlung reibungslos klappt. Geht es im Gehege turbulent zu, sollten sie noch mal in das neutrale Gebiet ziehen.

Das Ausfechten der Rangordnung kann turbulent zugehen, auch kleinere Kämpfe sind noch normal.

# Lebensraum

*für Meerschweinchen*

# Die Haltung in der Wohnung

⟶ Meerschweinchen können in der Wohnung, auf dem Balkon oder im Garten gehalten werden. Jede Haltungsform hat ihr Für und Wider.

## Mindestmaße für das Gehege

Meerschweinchen haben ein starkes Bedürfnis nach Bewegung, das sie in einem handelsüblichen Meerschweinchenkäfig nicht ausleben können. Für die Tiere ist selbst der größte Käfig mit 160 cm Länge und 80 cm Breite immer noch zu klein. Als Mindestmaß für zwei bis vier Tiere sollte man zwei Quadratmeter Grundfläche keinesfalls unterschreiten, wobei eine Rennstrecke von mindestens zwei Metern angeboten werden sollte. Man rechnet mit mindestens 0,5 $m^2$ je Tier, reine Böckchengruppen brauchen mindestens ein Quadratmeter Platz pro Meerschweinchen, damit sie sich dauerhaft verstehen. Größer ist immer besser! Etagen werden nicht zur Grundfläche gerechnet, sind jedoch eine gelungene Abwechslung. Die Mindestmaße müssen den wechselaktiven Tieren Tag und Nacht zur Verfügung stehen, ein nächtliches Einsperren in kleinen Käfigen oder Ställen ist ungeeignet. Zusätzlicher Auslauf ist sinnvoll, nach Möglichkeit wird er so gebaut, dass die Meerschweinchen selbstständig vom festen Gehege in den Auslauf gelangen können.

## Vorteile der Wohnungshaltung

Die Wohnungshaltung ermöglicht einen engen Bezug zu den Meerschweinchen, dadurch ist nicht nur eine engere Bindung möglich, es werden auch Krankheiten schneller erkannt.

Ein Meerschweinchen-Gehege kann sich sehr schön in die Wohnung einfügen.

Mit Plexiglas und Holz lassen sich schöne Eigenbauten für die Meerschweinchen bauen.

Beetumrandungen eignen sich sehr gut als Umzäunung. Eine kleine Türe ermöglicht es, den Meerschweinchen zusätzlichen Freilauf im Zimmer zu gewähren.

Im Winter erspart man sich bei dieser Haltungsform das Saubermachen und Beobachten bei Frost. Älteren oder geschwächten Meerschweinchen tut das milde Klima gut, sie müssen nicht mit Wetterextremen kämpfen.

## Der richtige Standort

Meerschweinchen sind ängstlich, reges Treiben in der Nähe des Geheges verunsichert viele Tiere, zu abgeschiedene Zimmer bieten zu wenig Umweltreize.

**Wohn- und Arbeitszimmer** Ein guter Standort ist eine Zimmerecke im Wohnbereich.

**Küche und Flur** Küchendämpfe und Geschirrgeklapper setzen den Meerschweinchen zu, im Flur ist es oft zu unruhig.

**Schlaf- und Kinderzimmer** Meerschweinchen sind auch nachts aktiv und stören so den Schlaf, sie nagen an Gegenständen oder geben Laute von sich.

### Bodengehege oder auf Augenhöhe?

In älteren Ratgebern wird oft ein Gehege auf Augenhöhe empfohlen. In kleineren Käfigen, die am Boden stehen, fühlten sich die sensiblen Meerschweinchen sehr ausgeliefert , besonders wenn sich Menschen über den Käfig beugen. Für einige Halterinnen und Halter ist die erhöhte Haltung eine Arbeitserleichterung. Bei großen Gehegen ab zwei Quadratmetern ist eine Haltung im Bodengehege jedoch unproblematisch und es ist leichter zu bauen.

## Gitterkäfige?

Alle handelsüblichen Gitterkäfige sind zu klein, sie erfüllen nicht die Mindestmaße. Man kann jedoch zwei 160 cm lange Käfige nebeneinander aufstellen und zwischen den beiden Käfigen die Bodenwanne so einschneiden, dass sie auf Einstreuhöhe endet und keine Barriere darstellt. Das Gitter lässt sich bei einigen Modellen an den einzelnen Seiten hochklappen. So erhält man eine zwei Meter lange Rennstrecke und erreicht die Mindestmaße von zwei Quadratmetern. Statt des Gitters kann man auch rundherum Plexiglas in ca. 20 cm Höhe (bei sprungfreudigen Meerschweinchen lieber 30 cm) passend zuschneiden lassen und an den Ecken mit Gewebeklebeband aneinanderkleben.

Do!

**UVB-Lampen**

Meerschweinchen bilden Vitamin D, wenn sie Sonnenstrahlen abbekommen. In dunklen Ställen ist das nicht möglich und in der Wohnung wird es durch das Fensterglas abgefangen. Deshalb brauchen sie UVB-Lampen.

# Innengehege Marke Eigenbau

⟶ Ein Gehege selbst zu bauen, ist einfacher als gedacht und auch umsetzbar, wenn man handwerklich ungeschickt ist. Eigenbauten kann man perfekt an die Maße des Wohnraums anpassen. Der hintere und seitliche Bereich kann blickdicht gestaltet werden, nach vorne ist es schön, wenn die Meerschweinchen rausschauen und wir sie beobachten können.

Das Gehege wird auf eine wasserdichte Unterlage (z. B. Teichfolie, PVC-Boden oder Wachstischdecke) gestellt.

## Die Umzäunung

### Materialien aus dem Baumarkt

Plexiglas fügt sich sehr schön in das Wohnambiente ein, ist abwischbar und hygienisch. Massivholz, Sperrholz, OSB-Platten oder auch Holzrahmen, die mit Volierendraht oder Sechseckdraht bezogen werden (festtackern), sind geeignet, müssen aber mit Spielzeuglack gestrichen werden. Siebdruckplatten sind bereits versiegelt. Auch beschichtete Hartfaserplatten (z. B. Schrankrückwände) sind ideal, die Beschichtung ist abwischbar und sie sind angenehm leicht.
Die meisten Materialien im Baumarkt kann man sich direkt auf die gewünschten Maße zuschneiden lassen, z. B. in 25 – 30 cm Höhe (bei sprungfreudigen Meerschweinchen lieber 40 cm) und der gewünschten Länge.

### Zweckentfremdetes

Es gibt einige Gegenstände, die sich als Gehegeumrandung zweckentfremden lassen, z. B. Beetumrandungen oder Regalsysteme (Songmics), die nicht nur günstig sind, sondern flexibel in den Wunschmaßen zusammengesteckt werden können.

## Der Gehegeboden

Ein fester Boden, z. B. aus einer Holzplatte oder Fliesen, kann bei Eigenbauten sinnvoll sein, meistens reicht es jedoch, die Umrandung auf eine Unterlage zu stellen. Als Bodenschutz eignen sich Wachstischdecken, Teichfolie,

Meerschweinchen sind nicht ausbruchsfreudig: Niedrige Umrandungen, die einfach auf die Unterlage gestellt werden, halten die meisten Meerschweinchen im Gehege.

Linoleum, Vinyl-Boden (PVC -Rollware, gut ausdünsten lassen) oder eine wasserdichte Plane. Der Untergrund sollte immer etwas größer als das Gehege zugeschnitten werden, sodass man ihn an den Wänden ca. 2 cm hochziehen kann. Nach vorne wird er überlappend gestaltet oder im Gehege an der Umrandung hochgeschlagen und verklebt.

## Die Versiegelung

Holz ohne Beschichtung sollte zum Schutz vor Urin mit Spielzeuglack (DIN EN 71.3) gestrichen werden. Auch Wachs eignet sich als ungiftige Versiegelung. Um den Übergang zwischen der Bodenplatte und den Rändern abzudichten, kann man Aquariumsilikon verwenden, es ist ungiftig.

## Elemente verbinden

Aushebescharniere oder Möbelverbinder eignen sich, um massive Elemente aneinander zu stecken. Auch Scharniere können verwendet werden. Bohrt man an den Enden zwei Löcher, kann man die Elemente auch mit Kabelbindern oder Draht aneinander befestigen. Leichtere Elemente lassen sich sehr einfach mit Gewebeklebeband aneinanderkleben. Lässt man dabei zwischen den Elementen etwas Platz und klebt das Klebeband von beiden Seiten auf, so kann man sie im gewünschten Winkel knicken. Das Aufstellen über Eck sorgt meist bereits für so viel Stabilität, dass eine zusätzliche Befestigung nicht notwendig ist. Bei sehr langen Elementen kann jedoch eine Bodenstütze sinnvoll sein. Um den Meerschweinchen Freilauf zu gewähren, ist es sinnvoll, wenn man ein Element öffnen oder entfernen kann oder eine Türe vorhanden ist.

## Etagengehege?

Meerschweinchen sind Bodenbewohner, einige laufen keine Rampen, andere erkunden gerne auch Etagen. Bei Platzmangel kann man große Etagen mit zumindest einem Quadratmeter Grundfläche anbieten, allerdings ersetzen sie keine Grundfläche, d. h. die Mindestmaße müssen trotzdem in einer Etage eingehalten werden.

# Freilauf in Wohnung und Garten

## Freilauf in der Wohnung

Einige Meerschweinchen nehmen gerne einen Freilauf an. Vertraute Häuschen und andere Unterschlüpfe in der Nähe des Geheges, verstreutes Futter sowie ein rutschfester Untergrund erleichtern ängstlichen Meerschweinchen die ersten Schritte aus dem Gehege. Es sollten immer genug Unterschlüpfe in der Nähe sein, sie entfernen sich ungern vom sicheren Versteck. Meerschweinchen sind nicht stubenrein, aber manche Tiere gehen für ihr Geschäft ins Gehege zurück. Ein abwischbarer, unempfindlicher Boden ist deshalb Voraussetzung. Oder man legt einen urinfesten Untergrund (Plane, Wachstischdecke, ...) aus und eine Decke darüber. Besonders unter den Unterschlüpfen sollte eine saugfähige Unterlage (z. B. Pipipads) angeboten werden. Bevor man den Meerschweinchen Freilauf gewährt, wird die Umgebung gesichert.

## Freilauf im Garten oder auf dem Balkon

Bei milden, aber nicht zu heißen Temperaturen kann man auch Wohnungstieren Freilauf im Garten oder auf dem Balkon gewähren. Dafür müssen sie zunächst an die Transportbox gewöhnt werden, indem man sie als Häuschen im Gehege anbietet und die Meerschweinchen mit Futter reinlockt. Im nächsten Schritt kann das Gitter zunächst angelehnt und später verschlossen werden. Während die Tiere fressen, übt man das Anheben, indem man die Box kurz anhebt und wieder abstellt. Sind sie an diese Vorgänge gewöhnt und fressen entspannt weiter, kann man sie nach draußen bringen. Der Balkon muss so gesichert werden, dass sie nicht abstürzen können. Im Garten wird für einen Tagfreilauf vorausgesetzt, dass das Gehege nach allen vier Seiten und nach oben mit stabilen Drahtdeckeln gesichert wird.

Mit Songmics-Elementen kann man nicht nur das Gehege, sondern auch einen Freilaufbereich abzäunen.

Gewohnte Unterschlüpfe, Schatten und Wetterschutz sind im Tagfreilauf wichtig.

Versetzbare Auslaufgehege ermöglichen es, dass immer wieder frisches Gras abgeweidet werden kann.

## Gefahrenquellen

| | |
|---|---|
| Elektrokabel | Meerschweinchen knabbern Kabel an, die im Weg sind. Wenn man sie nicht hochlegen kann, helfen Kabelabdeckungen und Kabelkanäle bei der Sicherung. Kabelschläuche oder aufgeschlitzte durchsichtige Regenschläuche sind ideal für Kabel, die flexibel herumliegen. |
| Zimmerpflanzen | Erkundige dich im Internet, welche Pflanzen giftig sind. Am besten stellt man nur ungiftige Pflanzen auf, da die Gefahr besteht, dass doch mal ein Blatt herunterfällt und angeknabbert wird. Auch ungiftige Pflanzen sind oft gespritzt und sollten nach dem Kauf zunächst hochgestellt werden. |
| Teppiche und Textilien | Manche Meerschweinchen knabbern an Stoffen. Da die Fasern zu lebensbedrohlichen Verstopfungen führen können, ist es in diesen Fällen wichtig, die Teppiche wegzulassen. |
| Plastik | Nagen Meerschweinchen Plastik an, können die scharfkantigen Splitter den Verdauungstrakt durchstechen oder verstopfen. |
| Putzmittel | Beknabbern oder belecken die Tiere Gegenstände mit Rückständen, können sie sich vergiften. Verwende Zitronensäure, Essigessenz oder unbedenkliche Reinigungsmittel. |
| Möbel | Manche Meerschweinchen nagen Möbelbeine an, hier sind Metallmöbel hilfreich oder eine dünne Folie, die man um die Möbelbeine klebt. Um die Beine zu schützen, kann man auch Zitrone aufbringen oder ein Meerschweinchen-Möbelstück davor stellen. |
| Böden | Parkett ist für manche Meerschweinchen zu rutschig, ausgelegte Teppiche oder Fleecestoffe geben ihnen Halt. |
| Menschen | Meerschweinchen kann man schnell einmal übersehen, sodass es immer wieder zum Einklemmen in der Türe oder Verletzungen durch Fußtritte kommt. Durch ein Hinweisschild an der Türe sind alle gewarnt, sodass der Raum vorsichtig betreten wird. |
| Rauch und Duftstoffe | Meerschweinchen riechen fünfmal besser als wir, für uns angenehme Düfte, wie z. B. Duftvernebler oder -kerzen, sind für sie sehr unangenehm. Keinesfalls darf im gleichen Zimmer geraucht werden. |

# Die Haltung im Garten

⟶ Sonne, Wind und frische Luft tun unseren Meerschweinchen gut. Wenn man einen Garten hat, ist die Außenhaltung eine naturnahe Haltungsform. Die ganzjährige Außenhaltung stellt einige Ansprüche an dich und das Gehege. Überlege dir, ob du die Meerschweinchen im Winter ins Haus holen oder sie ganzjährig draußen halten möchtest.

## Genug Platz einplanen

Das absolute Mindestmaß für zwei bis vier Meerschweinchen sind zwei Quadratmeter und eine zusätzliche Schutzhütte. Bei der Winter-Außenhaltung werden mindestens 4 $m^2$ Gehegegröße benötigt. Gerade im Garten besteht häufig die Möglichkeit, deutlich größere Gehege einzurichten, die Mindestmaße sind immer nur ein Minimum. Das Gehege muss auch nachts zugänglich sein, d. h. aus raubtiersicherem Material bestehen, ein geschlossenes Dach und einen sicheren Boden haben.

### Auf dem Balkon?

Nicht nur im Garten, auch auf dem Balkon kann man Meerschweinchen halten. Die Ansprüche an die Sicherheit des Geheges sind auf dem Balkon nicht anders als im Garten, denn Raubtiere kommen auch in hohe Stockwerke. Auch eine Schutzhütte ist erforderlich. Den Boden kannst du mit Vinyl-Boden schützen, der an der Hauswand 2 cm weit hochgezogen wird. Ungeeignet sind Südbalkone, da sie im Sommer zu sehr aufheizen.

| Gefahren | |
|---|---|
| Hunde | Ein hoher Gartenzaun schützt vor Hunden. Meerschweinchen können den Schocktod erleiden, wenn ein Hund um einen Auslauf herumjagt. |
| Katzen | Sie können den Meerschweinchen gefährlich werden, genug Unterschlüpfe und ein rundherum geschlossenes Gehege bieten Schutz. |
| Greifvögel | Auch zum Schutz vor Greifvögeln ist ein Deckel sehr wichtig. |
| Fuchs und Marder | Normalerweise sind diese Raubtiere nachtaktiv, aber auch in der Dämmerung gehen sie auf Streifzug. Deshalb sollten Meerschweinchen bereits vor der Dämmerung ins Nachtgehege gesperrt werden. |
| Hitzschlag | Meerschweinchen sind extrem hitzeempfindlich und erleiden schnell einen Hitzschlag. Um sie zu schützen, sind großzügige schattige Bereiche unter Büschen und Bäumen ideal. Sonnensegel und Sonnenschirme können ebenfalls hilfreich sein. |

Ein Garten- oder Kinderspielhaus mit Gehegeanbau ist gut geeignet und lässt sich leicht reinigen.

Ein solcher Tagfreilauf, der nach oben nicht geschützt ist, eignet sich nur unter strenger Aufsicht.

Große überdachte und wettergeschützte Bereiche sind für die ganzjährige Außenhaltung Voraussetzung.

Schutzhütten sollten mindestens 0,7 $m^2$ groß sein, je größer sie sind, desto mehr Unterteilungen sind nötig.

## Zusätzlicher Freilauf auf der Wiese

Wiese überlebt im Nachtbereich meist nicht lange, damit die Meerschweinchen trotzdem grasen können, ist ein versetzbarer Tagfreilauf zu empfehlen. Um den Meerschweinchen Stress zu ersparen, sollte der Tagfreilauf an das Nachtgehege angrenzen oder mit einer Röhre (z. B. Drainagerohr) verbunden sein. Ein solches Gehege muss nicht unbedingt nach unten gesichert sein, aber einen festen Deckel haben, damit keine Katzen hineinspringen können. Oben offene Gehege sind nur unter strenger Aufsicht zu verantworten. Damit sich die Meerschweinchen sicher fühlen, brauchen sie genug Unterschlüpfe im Gehege.

In der Natur verbringen sie die meiste Zeit mit Grasen. Ein sicherer Tagfreilauf ermöglicht ihnen das Verhalten.

# Eine Außenhaltung planen

## Lieber bauen oder kaufen?

Die im Handel erhältlichen Ställe sind meist aus sehr dünnem Material, das weder vor Wetter noch vor Raubtieren schützt. Mit viel Aufwand kann man sie jedoch entsprechend nachrüsten. Da man Meerschweinchen nicht nur in Ställen halten kann, auch nicht nachts, braucht man ein mardersicheres Gehege, welches von den Meerschweinchen direkt vom Stall aus betreten werden kann. Solche Gehege in geeigneter Größe sind aktuell im Handel noch selten, man kann jedoch einzelne Modelle über das Internet finden oder einen Volierenbauer beauftragen. Wer die Möglichkeit dazu hat, sollte das Gehege selbst bauen, ein solches Gehege hält oft ein Meerschweinchenleben lang und ist wesentlich günstiger.

## Die Schutzhütte

Eine Schutzhütte darf natürlich in keinem Gehege fehlen, sie schützt Meerschweinchen vor Schnee, Regen und Kälte. Gut geeignet sind Truhen, Katzenschutzhäuschen oder andere Vollholzhütten. Wichtig ist, dass sie absolut wind- und regenfest ist, eine Isolierung ist zusätzlich empfehlenswert. Für eine ausreichende Luftzirkulation werden im oberen Bereich der Schutzhütte Luftlöcher gebohrt, diese dürfen nicht auf gegenüberliegenden Seiten (und nicht an der Wetterseite) angebracht werden, um Zugluft zu vermeiden. Die Grundfläche von min. 0,7 m² ist für zwei Meerschweinchen ausreichend. Bei größeren Gruppen ist eine entsprechend größere Grundfläche nötig. Je größer die Schutzhütte

Hier wurde die Schutzhütte durch ein Rohr mit dem Gehege verbunden.

Im festen Gehege hält sich Wiese nicht auf Dauer, Einstreu oder Mulch hält das Gehege hygienisch.

Die Haltung in einem Meerschweinchenstall ist nicht mehr zeitgemäß. Es sollte immer ein mardersicheres Gehege angebaut werden.

ist, desto mehr Unterteilung ist notwendig, damit die Meerschweinchen den Bereich mit ihrer Körpertemperatur heizen können.

## Kniehoch oder begehbar?

Es gibt drei verschiedene Gehegetypen:

**Bodengehege** Sie sind etwa ein Meter hoch und verfügen über ein aufklappbares Dach, sodass man sie gut reinigen kann. Sie sind ideal in Mietgärten, aber schwerer zu reinigen.

**Begehbare Gehege** Sie sind so hoch, dass man sie betreten kann, dadurch kann man sie einfacher pflegen. Erfahrene Halter bevorzugen diese Gehege, allerdings sind sie teurer und teils genehmigungspflichtig.

**Pyramidengehege** Sie sind pyramidenförmig, d. h. in der Mitte betretbar und seitlich niedrig. Dadurch sind sie günstiger als komplett begehbare Gehege und einfacher zu bauen.

## Baugenehmigung?

Für sehr große Gehege braucht man eine Baugenehmigung. Die Rechtslage ist in jedem Bundesland anders und kann beim Bauamt erfragt werden. Auch Abstände zum Nachbarn sind einzuhalten.

## Der Standort

Um Meerschweinchen vor der Hitze zu schützen, sind schattige Bereiche unter Büschen und Bäumen wichtig, aber auch Bereiche mit Sonne werden gern angenommen. Ideal ist ein Standort, der vom Haus aus gut einsehbar ist, sodass man die Meerschweinchen beobachten kann.

### Mein Tipp

Denke beim Bau immer auch daran, dass das Gehege im Alltag leicht zugänglich und pflegeleicht ist. Es lohnt sich nicht, beim Bau zu sparen, wenn man dadurch später Rückenschmerzen bekommt oder bei jedem Handgriff ins Gehege kriechen muss. Ideal sind begehbare Gehege mit befestigtem Untergrund und Schutzhütten mit herausnehmbarer Plastikwanne.

# Das solltest du beim Bau beachten

→ Das Gehege muss an allen Seiten (Seitenwände, Deckel und Boden) absolut mardersicher aus festem Material gebaut werden.

**Volierendraht** Damit kein Raubtier ins Gehege kommt, sollte ein punktverschweißter, verzinkter Volierendraht mit mind. 1 mm Stärke und 12 x 12 mm Maschenweite oder 1,3 mm Stärke und bis zu 19 x 19 mm Maschenweite verwendet werden. Ummantelte Drähte, Netze oder Sechseckdraht sind nicht sicher. Auch unverbiegbares Gitter bis 3 cm Gitterabstand wäre im oberen Bereich geeignet, unten können Raubtiere nach den Meerschweinchen angeln.

**Drahtbefestigung** Krampen oder Schrauben mit Unterlegscheiben sind sehr gut geeignet. Tackerklammern lösen sich oft mit der Zeit und müssen häufig kontrolliert werden.

**Fliegenschutz** Ein Fliegengitter kann zusätzlich zum Volierendraht angebracht werden, um Meerschweinchen vor Maden zu schützen.

**Sturm** Das Gehege sollte mit Einschlaghülsen in der Erde verankert werden oder über ein Fundament verfügen, an dem es befestigt wird, damit es bei Sturm nicht wegfliegt.

**Dach** Damit das Gehege nicht unter der Schneelast im Winter zusammenbricht und Regenwasser gut abläuft, ist ein Dachgefälle von 30 Grad zu empfehlen. Dachpappen und Regenrinnen schützen vor Regen.

**Türen** Sollte das Gehege von der Straße aus sichtbar sein, ist es sinnvoll, die Türen mit Schlössern zu sichern, da immer wieder Tiere entwendet werden.

**Holz und Eisen** Nur ausreichend dickes Holz oder Material ist sicher. Lass dich im Baumarkt zu den unterschiedlichen Hölzern und ihren Eigenschaften beraten. Dachlatten sind als bezahlbare Konstruktion für eine Voliere sehr praktisch. Konstruktionsvollholz (Lärche, Douglasie) ist für den Außenbereich gut geeignet.

**Verfaulen** Holz verfault sehr schnell, wenn es Bodenkontakt hat. Deshalb sollte es mit Abstand zum Boden gebaut werden, z. B. indem es auf ein Fundament gesetzt oder das Holz mit Einschlagbodenhülsen geschützt wird. Auch eine Überdachung, Tropfnasen, Bleche, Imprägnieren und Lasieren schützen das Holz vor Verwitterung.

**Überdachung** Um eine Teilüberdachung kommt man in der Meerschweinchenhaltung nicht herum, idealerweise überdacht man den Großteil des Geheges oder sogar das komplette Gehege. Das ist nicht nur für die Tiere gesünder, auch die Reinigung wird erleichtert.

**Wetterschutz** Die Seiten kann man mit stabilem Holz, Wellplatten, Acrylglas oder Planen vor Wetter schützen. Am besten baut man es so, dass man im Sommer eine zusätzliche Seite öffnen kann, sodass sich das Gehege in der Sonne nicht aufheizt.

< Eine Katzenklappe ermöglicht den Meerschweinchen, selbstständig vom Gartenhaus ins Gehege zu gehen.

∨ Ein vollüberdachtes Gartenhaus kann man wie in der Innenhaltung einrichten.

∧ Gehwegplatten sind sehr hygienisch und können mit unterschiedlich eingestreuten Bereichen gestaltet werden.

> Stabiler Volierendraht schützt die Meerschweinchen vor Raubtieren.

> Futter zum Erarbeiten sorgt für Beschäftigung und hält die Meerschweinchen fit.

∨ Beetumrandungen aus dem Baumarkt kann man sehr gut für die Gehegeinrichtung zweckentfremden.

∧ Die Schutzhütte sollte bodennah begehbar sein, da nicht alle Meerschweinchen Rampen nutzen.

< Frische Zweige bieten den Meerschweinchen Deckung, Steine, Holz, Kork und Rohre eignen sich sehr gut zur Strukturierung des Geheges.

Holz lädt zum Knabbern ein, fast alle heimischen Laub- und Obstbäume sowie Fichte und Tanne sind geeignet.

Eine gute Strukturierung des Geheges hält die Meerschweinchen fit und gesund.

**Elektrokabel** Wenn du ein Außengehege mit Strom hast, das kann praktisch für die Beleuchtung und gegebenenfalls Wärmequellen sein, müssen sie unbedingt gesichert werden. Sonst kann es passieren, dass die Meerschweinchen diese annagen (siehe S. 31).

**Sichtschutz** Meerschweinchen sind schreckhaft. Steht das Gehege beispielsweise am Nachbargrundstück, die einen Hund haben oder nah an einem Gehweg, kann man einen Sichtschutz aus einem Brett oder ähnliches anbringen.

**Boden** Wiese im festen Gehege klingt zwar idyllisch, verwandelt sich jedoch schnell in eine unhygienische Matschwüste. Wer es trotzdem versuchen möchte, muss unter der Erde einen Raubtierschutz mit Volierendraht anlegen. Bei großen Gehegen kann man auch entlang der Gehegeränder den Zaun etwa einen Meter tief in die Erde ziehen. Am besten wählt man Gehwegplatten, die idealerweise versiegelt werden. Sie sind hygienisch und pflegeleicht. Über den Platten kann man Bereiche mit Holzhackschnitzeln oder schimmelfreien Rindenmulch einstreuen (Achtung: ohne Eibe!), in überdachten Bereichen ist auch normale Einstreu oder Stroh geeignet. Damit die Meerschweinchen trotzdem grasen können, eignet sich tagsüber ein zusätzlicher Wiesenauslauf (siehe S. 33).

**Kontrollen** Auch wenn man gute Materialien verwendet, sollte man regelmäßig das Gehege von allen Seiten überprüfen, um mögliche Schwachstellen frühzeitig auszubessern.

**Bepflanzung** Meerschweinchen fressen Bepflanzungen in wenigen Wochen auf, deshalb müssen die Pflanzen erhöht aufgestellt, im unteren Bereich mit Volierendraht beziehungsweise einer Umzäunung geschützt oder außerhalb des Geheges angepflanzt werden. Zum Beranken des Geheges eignen sich wilder Wein, Kulturwein mit Trauben, Knöterich, Kapuzinerkresse (einjährig) und die Kletterrose. Kleinere fressbare Büsche oder Bäume sind gute Schattenspender.

# Meerschweinchen überwintern

→ Meerschweinchen sind empfindlich gegenüber Minusgraden, eine geschützte Haltung und ein gut geplantes Gehege mit solider Schutzhütte sind deshalb Voraussetzung für eine ganzjährige Außenhaltung. Mit ihren nackten Fußballen laufen sie ungern auf kaltem Untergrund , deshalb ist eine großzügige Überdachung des Geheges wichtig. Für die Winteraußenhaltung wird eine Gruppe mit mindestens vier Meerschweinchen empfohlen, damit sie durch ihre Körperwärme die Schutzhütte ausreichend erwärmen können.

Im Winter ist ein wettergeschützter, überdachter Bereich wichtig, damit die Tiere mit ihren nackten Füßchen nicht frieren.

Gesunde Meerschweinchen können das ganze Jahr über draußen leben.

Bei Frost und Schnee sollten sie nicht in die Schutzhütte gesperrt werden, sie dürfen das Gehege immer nutzen.

## Wann können sie nach draußen ziehen?

Ab Mitte Mai, wenn die Eisheiligen vorbei sind, können Meerschweinchen in den Garten umgesiedelt werden. Spätestens Anfang September sollten Meerschweinchen, die draußen überwintern sollen, nach draußen ziehen. Im Winter ist eine Umgewöhnung nicht möglich. Wer sich für die Außenhaltung entschieden hat, darf die Meerschweinchen nicht stundenweise reinholen.

## Raus aus dem Stall

Man darf nicht den Fehler machen, die Meerschweinchen in einem kleinen Stall nachts einzusperren, denn Meerschweinchen sind wechselaktiv, d.h. sie schlafen nachts nicht durch. Im Winter ist es wichtig, dass sie sich auch nachts bewegen können, damit sie fit und gesund bleiben. Wir kennen das von Kindern, denen warm ist, wenn sie einen Schneemann bauen. Würden sie nur herumsitzen, wäre es schnell zu kalt. Im Winter im Stall eingesperrt zu sein, ist für Meerschweinchen in etwa so, als würden sie in einem Gefrierfach sitzen.

## Wasser und Futter bei Frost

Futter und Wasser sollte bei Frost in der Schutzhütte auf der isolierenden Einstreu angeboten werden. Die Versorgung erfordert in der kalten Jahreszeit mehr Aufwand, die Wassernäpfe werden zweimal täglich gegen frostfreie Näpfe getauscht und im Haus aufgetaut. Frischfutter wie z. B. Bittersalate, Küchenkräuter und Gemüsegrün wird häufiger in kleinen Mengen zum zeitnahen Verzehr angeboten, gefroren wird es nicht mehr gefressen. Blättriger Kohl und Heu können auch gefroren noch gefressen werden und als Backup rund um die Uhr im Gehege liegen. Wärmekissen für die Mikrowelle helfen, das Gefrieren hinauszuzögern. Verfügt das Gehege über einen Stromanschluss, kann man Wärmelampen oder Heizmatten verwenden.

Do!

**Kranke Meerschweinchen**

Meerschweinchen können zwar ganzjährig draußen leben, man braucht jedoch immer die Möglichkeit, ein krankes Meerschweinchen und die Partnertiere ins Haus zu holen. Alternativ geht ein Gartenhaus am Gehege mit Stromanschluss, damit man es beheizen kann.

# Die Wohlfühl-einrichtung

## Sich sicher fühlen

Meerschweinchen sind von Natur aus Fluchttiere, die genug Rückzugsmöglichkeiten benötigen. Offene Flächen vermeiden sie, um kein Opfer von Raubtieren zu werden.

**Als Faustregel gilt**: Der Unterschlupf sollte von keinem Punkt im Gehege weiter als 80 cm entfernt stehen, damit sie alle Flächen nutzen und sich trotzdem sicher fühlen. Sehr ängstlichen Tieren hilft es, wenn mit Nadelbaumzweigen, die über die Unterschlüpfe gelegt werden, Schutz geboten wird. Auch Heu kann dabei helfen, denn Meerschweinchen bauen darin gerne Laufwege, die dem Lebensraum in der Natur mit Trampelpfaden im hohen Gras nachempfunden sind. Besonders gerne laufen sie an den Gehegerändern entlang. Indem man die Gegenstände etwas Richtung Gehegemitte schiebt, kann man die Laufwege freihalten.

## Kein Körperkontakt

Meerschweinchen kuscheln nicht, wie es bei anderen sozial lebenden Tieren verbreitet ist. Sie halten untereinander Individualabstände ein. Ist das Gehege recht schmal oder sind Engstellen vorhanden, müssen die Tiere sehr nah aneinander vorbeilaufen. Das kann zu Problemen führen, da sich rangniedere Meerschweinchen nicht vorbeitrauen oder nicht den Abstand zum ranghohen Tier einhalten können, was von diesem als respektlos wahrgenommen wird. Solche Engstellen können mit Weidenbrücken und Tunneln entschärft werden, da die Wand der Brücke dafür sorgt, dass die Tiere einen optisch getrennten Gang zum Vorbeilaufen vorfinden. Sackgassen sind ein weiterer Faktor, der dafür sorgt, dass es zu Spannungen innerhalb der Gruppe kommen kann oder ganze Bereiche ungenutzt bleiben. Oftmals lässt sich das lösen, indem z. B. über eine Etage mit flachem Aufgang eine Fluchtmöglichkeit oder ein Rundweg angeboten wird. Prinzipiell sollte das Gehege so angelegt werden, dass Rundwege ermöglicht werden und keine Sackgassen entstehen.

## Funktionsbereiche: Essen, schlafen, sprinten ...

Meerschweinchen nutzen verschiedene Bereiche auf unterschiedliche Weise. Während beim Fressen wichtig ist, dass alle gleichzeitig genug Platz am Futterplatz haben und keiner zu kurz kommt, sind Schlafbereiche am besten etwas abseits und ruhig gelegen im hinteren Bereich des Geheges zu finden.

**Rennstrecken** sollten so gestaltet werden, dass die Tiere jederzeit ins Häuschen flüchten können, aber genug Platz vorhanden ist, sodass sie mindestens zwei Meter am Stück sprinten können.

**Aus dem Sichtfeld entziehen** Rangniedere Meerschweinchen können sich oftmals nur so richtig entspannen, wenn sie auch mal aus dem Sichtfeld des ranghohen Tieres entweichen können, z. B. durch einen Sichtschutz.

Viel Platz, Zweige, Heuberge und zahlreiche Unterschlüpfe sind für Schweinchen ideal.

Kleine Unterstände sind oftmals besser als Häuschen.

Weidenbrücken werden geliebt und können sogar beknabbert werden.

An den Futterstellen sollte genug Platz für alle Gruppenmitglieder sein.

Tannen- und Fichtenzweige kann man als Versteck über die Einrichtung legen.

Häuschen sollten mindestens zwei Eingänge haben, Fenster müssen so beschaffen sein, dass kein Meerschweinchen darin hängen bleiben kann.

## Gut eingerichtet

### Häuschen

Große Häuschen sind die wichtigste Einrichtung im Gehege, es sollte immer mindestens ein Häuschen mehr angeboten werden, als man Meerschweinchen hält. Die Mindestgröße beträgt 30 x 30 cm. Damit keine Sackgassen entstehen, sollten zwei Eingänge oder offene Seiten vorhanden sein. Einige Häuschen haben Fenster, in denen die Meerschweinchen, wenn sie wachsen oder sich den Bauch vollgeschlagen haben, hängen bleiben können. Immer wieder kommt es dazu, dass sie aufwendig herausgesägt werden müssen, mittels einer Leiste, die von innen darüber geklebt wird, kann man das verhindern oder aber man erweitert das Fenster zu einer Türe.

### Tunnel

Weidentunnel, Stofftunnel oder Weidenbrücken sind ideal, um den Meerschweinchen weitere Unterschlüpfe anzubieten. Sie ermöglichen den Tieren ein Höhlengefühl.

Ängstliche Meerschweinchen suchen die Nähe zu Unterschlüpfen.

Weidentunnel können Engstellen im Gehege entschärfen.

Ein standsicherer Keramiknapf ist als Trinknapf ideal.

Bei Jungtieren sind Versteckmöglichkeiten sehr wichtig.

### Heu- und Frischfutterraufen

Damit das Frischfutter und Heu sauber bleibt, kann man Raufen verwenden. Dabei sollten die Raufen immer mit einem Deckel abdeckt sein, denn beim Reinspringen können sich die Meerschweinchen schwer verletzen.

### Etagen, Unterstände und Treppen

Etagen können statt Häuschen angeboten werden und sind insbesondere bei Böckchenhaltungen sinnvoll, da sich die Tiere besser aus dem Weg gehen können. Bringt man eine Rampe an, nehmen manche Meerschweinchen das Dach gerne als Dachterrasse an. Die Treppe muss mit aufgeklebtem Teppich oder Hölzchen rutschfest gestaltet werden, unter 50 Grad Steigung haben und bei höheren Etagen auch über einen Rand verfügen.

### Kuscheliges

Die beliebtesten Einrichtungsgegenstände sind die aus Stoff. Man kann über das Internet Hängematten, Kuschelsäcke & Co. beziehen oder Nähanleitungen finden. Keine andere Einrichtung sorgt für so entspannte Tiere und der Anblick tiefenentspannter Meerschweinchen ist unbezahlbar. Die Stoffeinrichtung wird regelmäßig gewaschen (siehe Fleecehaltung S. 46).

### Zweige & Co.

Reichlich Knabbermaterial wird gerne zum Benagen genutzt, z. B. frische Zweige, die als Deckung dienen, wenn man sie über die Gegenstände legt, Korkröhren und Weidentunnel. Fast alle einheimischen Laubbäume, Obst- und Nussbäume sowie Fichte und Tanne sind für Meerschweinchen geeignet.

### Mein Tipp

**Zubehör aus Holz hält länger, ist einfacher sauber zu halten und hygienischer, wenn man es anstreicht. Ungiftig ist der Sabberlack auf Wasserbasis, der auf Grundlage der DIN EN 71.3 hergestellt wurde.**

# Sauber und hygienisch

## Die Einstreu

Der Untergrund sollte saugfähig, weich und federnd sein. Viele Halter verwenden gerne Kleintierstreu, die allerdings etwas staubt. Auch Kokosstreu, Waldbodenstreu und Miscanthus-Streu sind geeignet. Pelleteinstreu muss mit Heu oder Stroh weich abgedeckt werden. Ungeeignet sind Katzenstreu, da es bei der Aufnahme im Magen verklumpt, Einstreu mit Duftstoffen (z. B. Citrus) und staubige Holzspäne.

## Haltung ohne Einstreu

Um die Mistmengen zu reduzieren und Staub und Streu in der Wohnung zu vermeiden, hat sich die Fleece-Haltung etabliert. Dabei wird auf den urindichten Untergrund eine saugfähige Unterlage (Molton, Inkontinenz-auflagen, ...) gelegt, die den Urin aufsaugt. Damit die Pfötchen trocken bleiben, legt man mehrfach heiß gewaschenen Fleecestoff oder Badezimmerteppiche obendrüber, diese leiten den Urin nach unten. An beliebten Pipistellen,

Wochenputz: Einmal in der Woche wird das gesamte Gehege gereinigt.

Ein Kehrblech oder eine Maurerkelle eignen sich sehr gut, um die Einstreu auszutauschen.

Kinder können bei der täglichen Pflege mit eingebunden werden und so einen verantwortungsvollen Umgang mit den Meerschweinchen erlernen.

z. B. unter den Häuschen oder am Futterplatz, werden Badezimmerteppiche oder Pipipads ausgelegt, die aus der saugfähigen Unterlage und einem Fleecestoff bestehen. Beides ist fest vernäht und wird täglich gewechselt. Die Pipipads können ausgewechselt werden, ohne das komplette Gehege zu erneuern. Pipipads werden in einem Windeleimer oder an der frischen Luft gelagert und regelmäßig mit einem milden Waschmittel gewaschen. Um die Waschmaschine zu schonen, wäscht man sie am besten in einem Kissenbezug mit Reißverschluss oder einem Stoff-Wäschebeutel. Weichspüler darf nicht verwendet werden. Vor dem Waschgang werden Haare und Heu mit einer Gummibürste oder einem Tierhaarentferner beseitigt. Die Köttel und Futterreste sollten täglich mit einem Gummibesen weggekehrt werden.

## Wohin mit dem Mist?

Meerschweinchen verursachen sehr große Mengen Mist, die oft die Mülltonnen überfüllen. In Mehrparteienhäusern kann das für Streit sorgen. Hat man keinen Kompost, kann man fragen, ob man den Mist bei einem Landwirt auf dem Misthaufen entsorgen darf oder ihn als Mulch unter den Hecken verwenden. Viele steigen auch auf Fleece-Haltung um.

## Putzplan

**Täglich**

- Wassernapf reinigen und neu befüllen
- Heu in der Raufe austauschen
- Welke Futterreste entfernen
- Nasse Stellen in der Streu ausmisten
- Nasse Stoffeinrichtung austauschen
- Fleece: Pipipads tauschen

**Einmal in der Woche**

- Komplette Streu austauschen
- Durchwischen
- Urinflecken mit Essigessenz oder Zitronensäure entfernen
- Stoffe waschen
- Fleece: Fleece und Molton waschen und austauschen

**Nach Bedarf**

- Einrichtung abwischen
- Verschmutzungen auf der Einrichtung einweichen und entfernen
- Bodenbelag im Außengehege tauschen, Rasen rechen
- Umrandung abwischen

# Erkundungsdecke

## für alle Sinne

### Mein Tipp

Möchtest du Schnee verwenden, transportierst du ihn in einer Plastiktüte und legst ihn auf einen wasserfesten Untergrund aus, bevor er schmilzt. Auch Wiese mit Wurzeln und Erde kannst du deinen Schweinchen anbieten.

## Das brauchst du:

1

3

4

6

7

1 Einen Teppich, ein Handtuch oder eine kleine Decke

2 Große Stoffsäckchen oder Baumwollbeutel

**Aus der Natur:**

3 Steine und Kies

4 Tannenzapfen und kleine Wurzeln

5 Erde, Sand

6 Zweige mit Blättern oder trockenes Laub von fressbaren Bäumen

**Aus der Zoohandlung:**

7 Stroh, Heu, Waldbodenstreu

## So wirds gemacht:

**Schritt 1** Befülle beim nächsten Spaziergang die Stoffsäckchen mit unterschiedlichen Materialien oder kaufe sie in der Zoohandlung ein.

**Schritt 2** Lege die Decke ins Gehege oder in den Auslauf und leere den Inhalt deines Beutels darauf aus.

**Schritt 3** Verstecke ein paar Trockenkräuter oder Frischfutter darin, damit deine Meerschweinchen beim Erkunden der Materialien beschäftigt sind.

**Schritt 4** Das angebotene Material kannst du jeden Tag wechseln, indem du es zurück in das Säckchen kippst und ein neues Material auf der Decke ausbreitest.

**Schritt 5** Verwende frisch gesammelte Materialien oder trockne sie in den Säckchen gut durch, z. B. auf der Heizung, denn sonst kann sich Schimmel bilden. Stoffbeutel sind atmungsaktiv und verhindern Schimmelbildung.

**Schritt 6** Tausche regelmäßig die Materialien aus, wenn du etwas findest, das die Sinne deiner Meerschweinchen anregt. Unbeliebte Materialien werden nach und nach gegen Lieblingsstücke ausgetauscht. Zudem ist es ideal, sich nach den Jahreszeiten zu richten.

# Meer schweinchen

*gut versorgen und verstehen*

# Meerschweinchen sind Feinschmecker

## Das fressen Meerschweinchen in der Natur

Die Vorfahren unserer Meerschweinchen (*Cavia tschudii*) siedeln sich besonders in feuchten Gebieten in der Nähe von Wasserstellen an. Die Vegetation besteht vorwiegend aus Gräsern, kleinen Büschen, Sträuchern, Bäumen und Kräutern. Die Tschudi-Meerschweinchen ernähren sich aus einer Mischung unterschiedlichster Gräser, ergänzt durch Kräuter und Rinden sowie Blätter der erreichbaren Büsche. In Südamerika werden sie bereits seit etwa 3 000 bis 6 000 Jahren gehalten, dort ernähren sie ihre Meerschweinchen vorrangig von geschnittenen Pflanzen, besonders Gräsern, Getreidepflanzen (grünes Getreide), Alfalfa (Luzerne), Klee, frischen Maiskolben und Maispflanzen, ergänzt mit diversen Kräutern. In geringen Mengen wird dazu alles, was an Pflanzen- und Gemüseabfällen in der Küche anfällt, angeboten.
Die Verdauung hat sich im Laufe der Domestikation kaum verändert, die Meerschweinchen sind immer noch auf diese Ernährung angewiesen.

## Heu nicht als Hauptfutter

### Besonderer Kalziumstoffwechsel

Grünfutter enthält 80 % Wasser, Heu nur etwa zu 15 %. Andere Tiere nehmen nur die Kalziummengen aus der Nahrung auf, die sie benötigen, während Meerschweinchen fast das gesamte Kalzium resorbieren, da sie es für die nach-

Do!

**Grünfutter füttern**

Alles Blättrige und Krautige, also z. B. Wiese, Baumblätter, Gemüsegrün, Bittersalate, Küchenkräuter und blättriger Kohl, sind das Hauptfutter für Meerschweinchen, sie sollten neben Heu immer zur Verfügung stehen.

Don't

**Hauptsächlich Heu**

Früher hat man empfohlen, Meerschweinchen hauptsächlich mit Heu zu füttern. Heute weiß man, dass das viele Nachteile für ihre Gesundheit hat und sie krank machen kann.

Idealerweise grasen Meerschweinchen das Frischfutter selbst von der Wiese.

Auch Blätter und Zweige von Büschen werden gern geknabbert, die erreichbaren sollten ungiftig sein.

wachsenden Zähne brauchen. Dieses Kalzium lagert sich in der Niere und Blase ab, sodass es zu Erkrankungen wie Blasengries und Nierenerkrankungen kommen kann. Meerschweinchen nehmen viel mehr Wasser auf, wenn sie frisch ernährt werden, als wenn sie Heu fressen und dazu trinken. Das Wasser aus dem Frischfutter spült das Kalzium aus den Harnwegsorganen aus, sodass es sich nicht ablagern kann.

### Lebenswichtige Vitamine

Der Vitamin- und Nährstoffgehalt von Heu ist sehr gering. Allein bei der Trocknung verliert das Heu über 50 % seiner Nährstoffe, da die zarten vitamin- und nährstoffreicheren Blätter zerbröseln und verloren gehen, sodass es hauptsächlich aus den nährstoffarmen Stängeln besteht. Zudem nimmt der Vitamingehalt bei der Trocknung und Lagerung ab: Gerade das überlebenswichtige Vitamin C geht bei der Trocknung verloren, aber auch Vitamin E und Beta-Carotin (die Vorstufe von Vitamin A) sind nur noch zu ca. 15 % enthalten, wodurch das Meerschweinchen bei einer heulastigen Ernährung seinen Bedarf an lebenswichtigen Vitaminen und Nährstoffen nicht ansatzweise decken kann und unter Mangelerscheinungen leidet. Bei der hier beschriebenen Frischfutterfütterung wird der Bedarf der Vitamine hingegen problemlos gedeckt, Nahrungsergänzungsmittel sind nicht notwendig.

### Ständige Futterwechsel

Plötzliche Futterumstellungen sind für die empfindliche Verdauung unserer Meerschweinchen belastend. Bei einer heulastigen Ernährung wechseln sich Phasen, in denen nur Heu zur Verfügung steht, mit den Frischfuttergaben ab. Der ständige Wechsel zwischen den unterschiedlichen Futtermitteln führt zu einer mehrmals täglichen Nahrungsumstellung. Dadurch können Fehlgärungen in der Verdauung entstehen, die zu Erkrankungen im Verdauungstrakt führen.

# Grünfutter hält Meerschweinchen gesund

→ Grünfutter darf bei einer gesunden Ernährung nie ausgehen, es sollte über 80 %, im Idealfall sogar 100 % der Nahrung ausmachen. Doch warum ist das Grünfutter eigentlich so wichtig?

- Das Grünfutter hat einen **hohen Gehalt an Fasern**. Diese sind wichtig, um die Verdauung in Gang zu halten.
- **Es beugt den lebensgefährlichen Haarballen vor** (besonders bei langhaarigen Rassen oder starkem Fellwechsel).

### Mein Tipp

**Wie viel Futter?**

Meerschweinchen sind kleine Vielfraße, die große Mengen Futter verschlingen. Füttere immer so viel Grünfutter, dass bei der nächsten Mahlzeit noch ein Rest vorhanden ist. Meerschweinchen nehmen etwa die Hälfte ihres Körpergewichts an Frischfutter pro Tag zu sich.

- Man füttert nicht die Meerschweinchen, sondern ihre **Darmflora: Die Bakterien im Blinddarm** brauchen die faserreiche Nahrung, um überlebenswichtige Vitamine und Fettsäuren herzustellen. Das Grünfutter ist somit ihre wichtigste Nahrung. Falsches Futter bringt sie zum Absterben, das kann lebensgefährlich werden.
- **Übergewicht** ist ein Risikofaktor für viele Erkrankungen: Grünfutter macht nicht dick.
- Meerschweinchen haben ein unstillbares **Kaubedürfnis**. Durch das Grünfutter wird dieses befriedigt.
- Grünfutter macht **nicht so schnell satt**, dadurch fressen die Meerschweinchen immer wieder kleine Portionen. Meerschweinchen haben einen Magen mit wenig Muskulatur, deshalb sind sie darauf angewiesen, dass der Nahrungsbrei durch das nachschiebende Futter weiter transportiert wird und nicht im Magen liegen bleibt, wie es bei sättigendem Futter der Fall wäre.
- Die Zähne von Meerschweinchen wachsen lebenslang nach und müssen tagtäglich abgerieben werden: Das Grünfutter wird in großen Mengen gefressen und ist so faserreich, dass es länger gekaut werden muss. Der Zahnabrieb wird nicht durch hartes Futter, sondern durch das Aufeinanderreiben der Zähne beim Kauen gefördert. Je mehr die Meerschweinchen kauen, **desto besser ist der Zahnabrieb**.

Gras ist das natürliche Hauptfutter von Meerschweinchen und sollte in großen Mengen gegeben werden.

Mit frisch gepflückter Wiese kann man Meerschweinchen eine Freude machen.

## Die Ernährungspyramide

# Winterfütterung

→ Auch im Winter kann man Meerschweinchen gesund ernähren. Blattgemüse, Küchenkräuter, Gemüsegrün & Co. sind eine gute „Ersatzwiese". Man verfüttert täglich mindestens fünf verschiedene Grünfuttersorten: Kohl und Bittersalate bilden die Basis, Küchenkräuter, Gemüsegrün und Blattgemüse runden die Ernährung ab. Festes Gemüse ist immer nur in kleinen Mengen als Beigabe geeignet, da der hohe Kohlenhydratgehalt und geringere Faseranteil die Darmflora stören.

**Bittersalate** (Endivie, Radicchio, Chicorée, Zuckerhut, Frisée, Löwenzahnsalat, ...) enthalten, wie der Name schon vermuten lässt, sogenannte Bitterstoffe, welche die Verdauung sehr gut unterstützen. Zudem sind sie eher energiearm und beugen Übergewicht vor. In großen Mengen füttern.

**Blättriger Kohl** (Grünkohl, Wirsing, Spitzkohl, Schwarzkohl, Chinakohl, ...) hat einen hohen Eiweißgehalt und spendet im Winter Energie. Zudem enthalten sie Scharfstoffe, die die Atem- und Harnwege gesund halten.

## Mythos Kohl

Es hält sich hartnäckig das Gerücht, dass Kohl nicht gefüttert werden darf. Dabei bildet er neben Bittersalaten die Basis der Winterfütterung. Füttert man ihn langsam an und gibt kein Trockenfutter, so wird er sehr gut vertragen.

**Gemüsegrün** (Karottengrün, Kohlrabiblätter, Stangensellerie, Fenchelgrün, Rettichblätter, ...) ist die vielfältigste Gruppe. Was für uns Menschen oft als Abfall gilt, ist für Meeris wegen des hohen Faseranteils und der vielfältigen sekundären Pflanzenstoffe wichtig.

**Küchenkräuter** (Petersilie, Koriander, Dill – alle, die der Mensch essen darf, sind geeignet) sollten etwa 10 % des Grünfutters ausmachen und versorgen Meerschweinchen mit unterschiedlichen ätherischen Ölen, damit die Atemwege und Verdauung gesund bleiben. Zudem sind sie Energiespender für den Winter.

**Gründüngung** findet man im Herbst auf Feldern, sie wird nicht geerntet, sondern soll den Boden verbessern und wird dann untergepflügt. Frage den Landwirt, ob du etwas für deine Meerschweinchen ernten darfst.

**Zweige** Frische Äste tragen im Winter zwar keine Blätter, ihre Rinden und die wintergrünen Nadeln werden jedoch gerne beknabbert. Die enthaltenen Gerbstoffe wirken entzündungshemmend und stabilisierend auf die Verdauung. Wenn du die Zweige in eine Vase stellst, treiben sie nach ein paar Tagen aus und bekommen Blüten und Blätter. Alle Obst- und Nussbaumzweige sowie fast alle einheimischen Laubbäume, Fichte und Tanne sind geeignet.

**Anderes Blattgemüse** (Feldsalat, Lollo rosso, Eichblatt, Rucola, Eisbergsalat, ...) kann ergänzend gefüttert werden.

< Eine bunte Mischung aus blättrigem Gemüse ist ein ideales Futter im Winter.

< Bittersalate sind die Basis der Winterfütterung, sie werden in großen Mengen gereicht.

< Frischfutter versorgt Meeries mit lebenswichtigen Vitamin C, A und E.

^ Eine Mischung aus mindestens fünf Grünfuttersorten am Tag ist ideal.

> Zweige werden in der Winterfütterung gerne vergessen, sind jedoch wichtig für eine gute Verdauung.

# Sommerfütterung

⟶ Es gibt nichts Gesünderes für unsere Meerschweinchen als eine Ernährung mit Gräsern und Wildpflanzen aus der Natur, denn sie enthalten Pflanzenstoffe, die unsere Tiere gesund erhalten. Der Gehalt dieser Stoffe, der Fasergehalt und die Nährstoffzusammensetzung sind in der Winterfütterung weniger ideal, deshalb sollten wir jede Gelegenheit nutzen, um für die Schweinchen zu pflücken.

## Das erste Grün im Frühjahr

Wenn die ersten Grashalme sprießen, sind sie besonders eiweißreich. Sollten die Meerschweinchen im Winter mit wenig Kohl gefüttert worden sein, müssen sie langsam an das Eiweiß gewöhnt werden, indem man erst einmal eine Handvoll füttert und die Menge täglich verdoppelt. Meerschweinchen, die ganzjährig draußen grasen können, gewöhnen sich automatisch daran, weil das Gras langsam wächst.

Das Pflücken der Wiesenpflanzen kann mit Spaziergängen verbunden werden.

## Wo kann ich pflücken ...

Im eigenen Garten, an Feldrändern, auf Baugrundstücken, im Wald, im Park oder auf dem Spielplatz ... Die Möglichkeiten sind vielfältig und auch in der Stadt kann man pflücken. Sind in der Nähe keine geeigneten Plätze, lohnt es sich, etwas weiter zu fahren – für den eigenen Geldbeutel und für die Gesundheit der Meerschweinchen.

## ... und wo lieber nicht?

Die Übertragung von Krankheiten durch Hundekot ist unwahrscheinlich. Die meisten Darmparasiten sind wirtsspezifisch, d. h. Hundeparasiten können Meerschweinchen nicht krank machen. Die Vorteile der Wiesenfütterung überwiegen sehr stark gegenüber der unwahrscheinlichen Übertragung eines Wurms, der zudem sehr leicht und günstig zu behandeln ist. An stark befahrenen Straßen und auf frisch gespritzten Flächen sollte man jedoch lieber nicht pflücken.

## Muss ich Wiese waschen?

Wiese muss für die Meerschweinchen nicht gewaschen werden. Solltest du sie doch waschen, so achte darauf, sie luftig und locker zu lagern, da sie sonst schneller verdirbt.

Kinder lernen beim Pflücken die Natur kennen und spielerisch Wildpflanzen zu bestimmen.

1

2

3

4

5

6

7

8

9

10

11

12

13

14

15

16

# Wiese pflücken

⟶ Keine Angst vor dem Pflücken! Mit dieser kurzen Übersicht für Wiesenpflanzen kannst du ganz einfach die häufigsten Pflanzen erkennen lernen und so deine Meerschweinchen sehr gesund ernähren. Vielleicht kennst du auch schon einige Pflanzen, z. B. Gräser, Löwenzahn, Gänseblümchen, Klee und Brennnessel. Alle hier aufgeführten Pflanzen sind leicht zu erkennen und haben keine giftigen Doppelgänger.

1 **Süßgräser** sind Hauptfutter, nahezu überall zu finden und leicht durch die längliche Form zu erkennen. Alle Süßgräser sind fressbar.

2 **Löwenzahn** ist durch seine gezahnten Blätter, den hohlen Blütenstängel mit der weißlichen Flüssigkeit und später die gelben Blüten und die Pusteblume eindeutig zu erkennen.

3 **Klee** gibt es mit unterschiedlich breiten Blättern und verschiedener Blütenfarbe, aber eines haben sie alle gemeinsam: Die auffälligen und für Klee typischen drei (und wenn man Glück hat, vier) Blätter.

4 **Gänseblümchen** wachsen sehr bodennah und haben die auffälligen Blüten mit weißen Blütenblättern und der gelben Mitte.

5 **Giersch** ist vor allem im Wald oder Gebüsch zu finden und wächst flächig. Schneidet man die Stängel durch, ist der Querschnitt dreieckig.

6 **Bärenklau** hat sehr große, auffällige Blätter und oftmals rötliche Stängel.

7 **Brennnesseln** brennen bei Hautkontakt. Gerade dadurch sind sie bekannt und leicht zu bestimmen. Sie sollten vor der Verfütterung drei Stunden abgewelkt liegen gelassen werden.

8 **Taubnesseln** sind der Brennnessel sehr ähnlich, brennen jedoch nicht und haben auffällige Blüten in unterschiedlichen Farben.

9 **Spitzwegerich** Die Blattadern des Wegerichs kreuzen sich niemals, sondern verlaufen immer parallel.

10 **Breitwegerich** wächst gerne auf Wegen oder anderen verdichteten Böden.

11 **Hirtentäschel** Seine Wuchsform zusammen mit den herzförmigen Blättern machen es unverwechselbar.

12 **Knoblauchsrauke** Zerreibt man die Blätter zwischen den Fingern, hat sie einen unverwechselbaren Knoblauchgeruch.

13 **Schafgarbe** hat fein gegliederte Blätter.

14 **Ampfer und Sauerampfer** Die rötlichen Blüten, hohen Stängel und typischen Blätter sind auf der Wiese sehr gut zu finden.

15 **Labkraut** Alle Labkräuter (weißes, echtes und Klettenlabkraut) haben sehr schmale Blätter, die wie ein Kranz um den Stängel angeordnet sind.

16 **Wicken** Ihre Blattform ist einfach zu erkennen, die Blüten sind auffällig.

# Heu, Wasser und Co.

## Warum Heu nicht fehlen darf

Heu ist kein Hauptfutter für Meerschweinchen, dennoch muss es neben Grünfutter immer angeboten werden. Zwar können sich Meerschweinchen im Sommer auch von Gräsern, Wiesenkräutern und Zweigen ernähren, aber durch die Haustierhaltung ist die Pflanzenvielfalt oft etwas eingeschränkt und das Grünfutter geht vielleicht doch mal aus. Im Winter fressen viele Meerschweinchen Heu regelmäßig zum Grünfutter dazu, denn Blattgemüse enthält weniger Fasern als Wildpflanzen. Die Fasern sind Futter für die Blinddarmbakterien und sorgen für eine gesunde Darmflora. Nur etwa die Hälfte des Heus ist für Meerschweinchen fressbar, es sind auch Giftpflanzen und ungeeignete Bestandteile enthalten. Tausche das Heu regelmäßig aus, sodass deine Meerschweinchen sich die besten Bestandteile heraussuchen können.

Das Heu sollte regelmäßig, möglichst täglich, erneuert werden, da sich Hefepilze am angebotenen Heu vermehren.

Heuberge werden von Meerschweinchen als Versteck geliebt und laden zum Knabbern ein.

Nippeltränken sind nicht zu empfehlen, ein Keramiknapf eignet sich als Trinkwasserquelle.

### Welches Heu ist richtig?

Am besten geeignet ist ein grünes, langfaseriges Heu ohne besondere Kräuterbeigaben oder einen hohen Blattanteil. Zu starre Stängel bohren sich manchmal zwischen die Zähne ins Zahnfleisch. Das Heu sollte täglich frisch ausgetauscht werden, ein Teil des Heus ist nicht fressbar und wird liegen gelassen.

## Napf oder Nippeltränke?

Obwohl Nippeltränken auf den ersten Blick hygienischer wirken, sind sie oft eine Brutstätte für Bakterien. Das enge Röhrchen lässt sich nicht ausreichend reinigen. Zudem verleiten sie dazu, das Wasser selten auszutauschen und wenn sie defekt sind, verdursten Meerschweinchen vor der vollen Tränke. Im Winter können Meerschweinchen zudem mit der Zunge am Metall festkleben. Ein standsicherer Keramiknapf ist besser zur Wasserversorgung geeignet, eine Nippeltränke sollte, wenn überhaupt, nur zusätzlich und nicht bei Frost angeboten werden. Ins Wasser fallende Einstreu und Heu sind nicht bedenklich, meist reicht es, den Napf einmal täglich zu reinigen und wieder zu befüllen.

## Müssen Meerschweinchen trinken?

Die Sorgen, wenn ein Meerschweinchen nichts trinkt, sind unbegründet. Wenn Meerschweinchen mit Frischfutter ernährt werden, nehmen sie viel mehr Wasser zu sich als hauptsächlich mit Heu ernährte Tiere, die dazu große Mengen trinken. Das Frischfutter besteht zu 80 % aus Wasser. Der Wasserbedarf kann sich jedoch ständig ändern, deshalb muss auch solchen Meerschweinchen immer frisches Wasser angeboten werden.

Do!

- Heu täglich erneuern
- Heu immer anbieten
- Wasser aus einem standsicheren Keramiknapf
- Wasser täglich erneuern

Don't

- Zu kräuterreiches Heu
- Zu starres Heu
- Heu erst nachfüllen, wenn es komplett weggefressen wurde
- Trinkwasserzusätze
- Wasser nur aus der Nippeltränke
- Bei Frost das Wasser weglassen

# Warum Trockenfutter krank macht

→ Es wird immer noch verbreitet, dass bestimmte Trockenfutter für Meerschweinchen gut seien. Allerdings sind die Nachteile der Fütterung jeglichen Trockenfutters so schwerwiegend, dass man es lieber ganz weglässt. Verzichte auf jegliches Trockenfutter, um Zahnerkrankungen, Blasengries und Verdauungsstörungen zu vermeiden. Mit einer frischen Ernährung ist dein Meerschweinchen gut versorgt, Werbeaufschriften auf Verpackungen sollen den Verkauf fördern, sind aber inhaltlich meist nicht richtig. Zahnerkrankungen treten zeitversetzt oft erst nach Monaten oder Jahren auf und verursachen starke Schmerzen bei deinen Tieren und oft lebenslange Behandlungen im vier- bis fünfstelligen Kostenbereich.

## Zahnerkrankungen

Die nachwachsenden Zähne sind im unteren Bereich sehr empfindlich, denn dort befindet sich die Wachstumszone. Da sie dauerhaft nachwachsen, sitzen die Zähne ganz locker im Zahnfleisch und reagieren empfindlich auf Druck von oben. Wenn das Meerschweinchen auf etwas Hartes beißt, kann dieser Bereich beschädigt werden, was zu schweren Zahnerkrankungen in Form von Entzündungen oder Einsinken in den Kieferknochen (retrogrades Wachstum) führen kann. Typische Bestandteile des Trockenfutters wie z. B. Pellets, Klumpen, Johannisbrot, Erbsenflocken, Getreidekörner und getrocknetes Gemüse sind sehr hart und sollten vermieden werden.

Trockenkräuter sind nur als Leckerli geeignet und sollten in Kleinstmengen verfüttert werden.

Um Meerschweinchen zu zähmen, kann man sie mit Trockenkräutern anlocken.

Es muss nicht immer trocken sein – frische Kräuter oder ein beliebtes Blattgemüse sind auch sehr gut als Leckerli geeignet und gesund.

## Falsches Kauen

Trockenfutter wird von Meerschweinchen anders gekaut als Frischfutter. Normalerweise schiebt das Tier seine Zähne übereinander, um Gräser und Wildkräuter zu zermahlen. Trockenfutter ist nicht flach genug, sodass es die Bestandteile erst einmal zerbeißen muss. Dabei kommt es zu einem großen Druck auf die Wachstumszone des Zahns und sie kann nachhaltig geschädigt werden.

## Kaum Appetit

Trockenfutter macht Meerschweinchen sehr schnell satt, sodass sie nur wenig fressen müssen und dementsprechend wenig kauen. Die Zähne wachsen lebenslang nach und werden nur dann optimal abgerieben, wenn das Meerschweinchen viel kaut, Trockenfutter führt deshalb zu Zahnspitzen und zu langen Zähnen.

## Wenig Wasseraufnahme

Bereits ein Esslöffel Trockenfutter verringert die Aufnahme von Frischfutter so stark, dass kaum noch Frischfutter gefressen wird. Dadurch wird sehr viel weniger Wasser aufgenommen und es können Blasengries und Nierenerkrankungen begünstigt werden. Meerschweinchen fressen normalerweise täglich einen großen Berg voll Frischfutter.

Mein Tipp

Auch natürlicheres Trockenfutter wie z. B. Trockengemüse und Trockenobst hat die genannten Nachteile und sollte deshalb nicht gegeben werden.

Festes Gemüse und frische Kräuter eignen sich gut, um sie erarbeiten zu lassen, z. B. indem man sie an eine Schur oder mit einer Wäscheklammer am Gehege befestigt.

Beim Grasen bleiben Meerschweinchen in Bewegung, was sie gesund hält.

Das Erarbeiten von Futter beugt Übergewicht vor.

## Die Verdauung

In den meisten handelsüblichen Trockenfuttermischungen sind kaum Fasern enthalten, sodass die Verdauung davon verlangsamt wird und die Blinddarmflora gestört werden kann. Trockenfutter ist oft zu Mehl vermahlen, was zum Absterben der gesunden Blinddarmbakterien führt. Die Folgen sind oft Durchfall und Verdauungsstörungen.

**Do!**

- Gräser
- Wiesenpflanzen
- Blättriges Gemüse
- Küchenkräuter
- Frische Zweige

**Don't**

- Joghurtdrops
- Hartes Brot
- Knabberstangen
- Pellets
- Meerschweinchenfutter
- Gekaufte Leckerlis
- Nagersteine

## Futterumstellungen

Plötzliche Futterwechsel vertragen viele Meerschweinchen nicht so gut. Wenn du das Futter verändern möchtest, dann lasse dir und deinen Meerschweinchen immer etwa ein bis zwei Wochen Zeit. Bei der Umstellung von Trockenfutter auf Frischfutter halbierst du täglich das alte Futter und verdoppelst die Menge des neuen Futters, bis deine Meerschweinchen umgestellt sind. Kohl und Klee sollten erst etwa zwei Wochen nach dem Wechsel auf Frischfutter angefüttert werden. Neue Frischfuttersorten kannst du an einem Tag in kleiner Menge testen, um eine seltene Unverträglichkeit auszuschließen. Wenn es vertragen wird und dein Meerschweinchen an Frischfutter gewöhnt ist, kannst du es danach ganz normal dazu füttern. Besonders empfindlich sind Meerschweinchen außerdem, wenn man von einer eiweißarmen Ernährung (z. B. viel Heu und Bittersalate) plötzlich auf eiweißreiches Futter (frisches Grün im Frühjahr, Kohl, ...) umstellt. Auch hier ist es wichtig, die Menge des eiweißreichen Futters täglich langsam zu steigern.

Zweige sind auch bei der Futterumstellung sehr wichtig, damit die Verdauung nicht entgleist.

# Die Bedürfnisse deiner Meerschweinchen

## Bewegungsdrang

Auch wenn man es ihnen auf den ersten Blick nicht ansieht – Meerschweinchen sind aktive Zeitgenossen. Sorge dafür, dass eine unverstellte Fläche mit mindestens zwei Metern Länge im Gehege vorhanden ist, damit sie auch mal Gas geben können. Zu kleine Gehege führen zu Bewegungsmangel, der sich durch Übergewicht und Langeweile bemerkbar macht. Damit deine Meerschweinchen fit und gesund bleiben, solltest du für eine anregende Umwelt sorgen, die deine Tiere animiert, sie zu erkunden, sich zu bewegen und neugierig zu bleiben.

### Mein Tipp

Beobachte deine Meerschweinchen gut, so kannst du feststellen, was sie gerne mögen. Bleiben Häuschen oder Bereiche im Gehege ungenutzt oder gibt es Bereiche, die sie lieben? Gibt es Stellen im Gehege, die zu Konflikten führen? Nagen die Meerschweinchen an der Einrichtung, weil Nagematerial fehlt? Entspannen sie sich oder fühlen sie sich ungeschützt? So kannst du deine Haltung individuell anpassen.

## Schutz und sich verstecken

Meerschweinchen sind Fluchttiere, die in der Natur viele Feinde haben. Deshalb sind sie immer auf der Hut und haben ein hohes Schutzbedürfnis! Gerade ängstliche Meerschweinchen fühlen sich ausgeliefert, wenn sie sich auf freien Flächen bewegen, deshalb wandern sie häufig von Unterschlupf zu Unterschlupf. Viele Häuschen, Unterstände und Röhren helfen dabei, dass auch freie Flächen besser genutzt werden, über die Gegenstände können Tannen- oder Fichtenzweige gelegt werden, um mehr Deckung zu bieten. Auch Artgenossen sorgen für ein Sicherheitsgefühl.

## Abwechslung & Beschäftigung

Meerschweinchen sind sehr neugierig, eine zu eintönige Haltung führt zu Langeweile und zurückgezogenem Verhalten. Besonders mit verstecktem oder aufgehängtem Futter, einem möglichst großen, abwechslungsreich gestalteten Gehege und zusätzlichem Auslauf kann man dafür sorgen, dass die Tiere geistig gefordert werden und nicht verkümmern. Auch soziale Interaktionen mit Artgenossen spielen eine wichtige Rolle für ein anregendes Leben der Meerschweinchen.

Damit sich Meerschweinchen richtig tiefenentspannen können, brauchen sie viel Schutz von oben.

Ein Pflanzring aus dem Baumarkt ist eine günstige, langlebige Einrichtung im Außengehege.

## Sozialkontakte

Meerschweinchen sind hochsoziale Tiere, ohne die Gesellschaft von Artgenossen verkümmern sie. Das geht sogar so weit, dass kurzfristig allein gehaltene Meerschweinchen (z. B. in der Quarantäne) aus Einsamkeit die Futteraufnahme einstellen können. Mindestens ein Sozialpartner ist deshalb Pflicht!
Im Idealfall wird eine harmonische Gruppe gehalten, diese bietet mehr Anregung und Abwechslung. Meerschweinchen mögen zwar keinen Körperkontakt, aber sie interagieren durch Laut- und Körpersprache aktiv mit anderen Meerschweinchen, das Sozialverhalten macht über 50 % des Verhaltensrepertoires aus. Die Gruppe beruhigt die Tiere und bietet ihnen Sicherheit.

Eintöniges Fressen aus dem Napf ist langweilig, Futter erarbeiten sorgt für Beschäftigung und Abwechslung.

## Ruhe & Entspannung

Meerschweinchen schlafen nachts nicht durch, sondern sind wechselaktiv, d. h. es wechseln sich Ruhe- und Wachphasen ab. Auch tagsüber schlafen sie stundenweise und sollten nicht gestört werden! Besonders Kindern muss gut vermittelt werden, dass Meerschweinchen niemals geweckt werden sollten, wenn sie gerade schlafen oder sich zurückziehen. Zu viel Trubel in der Nähe des Geheges belastet die sensiblen Tiere, deshalb muss der Standort sorgfältig gewählt werden. Kinderzimmer oder Durchgangsbereiche sind ungeeignet. Besonders Kuschelhöhlen und Röhren oder Hängematten führen zu einer ausgeprägten Entspannung bei den Nagern, deshalb empfehle ich, sie in jedem Gehege anzubieten.

## Nage- und Kaubedürfnis

In der Natur verbringen die Vorfahren unserer Meerschweinchen die meiste Zeit des Tages mit Grasen und Knabbern von schmackhaften Pflanzen. Die Nahrungsaufnahme ist die Hauptbeschäftigung. In der Haustierhaltung führen energiereiche Futtermittel wie Trockenfutter, Obst oder zu viele Leckerlis dazu, dass Meerschweinchen schnell satt sind und sich langweilen. Verzichte auf nährstoffreiche Futtermittel und biete rund um die Uhr frisches Grünfutter, Heu und Knabbermaterial (frische Zweige, Wurzeln, Weidenbrücken, Weidentunnel, Korkröhren, ...) an, damit deine Meerschweinchen ihren Nage- und Knabberdrang befriedigen können.

# Die Sprache der Meerschweinchen

→ Meerschweinchen zeigen verschiedene Verhaltensweisen, um ihre Stimmung auszudrücken. Damit du sie besser verstehst, werden hier die häufigsten Verhaltensweisen erklärt.

**Wiegender, staksiger Gang** Hier wird mit einem auffälligen, langsamen Gang das Hinterteil hin und her bewegt und dabei Brummlaute von sich gegeben (Brommseln, siehe S. 73). Das Verhalten tritt bei Rangstreitigkeiten auf oder um einem Weibchen zu imponieren. Auch kurz vor der Brunst ist es zu hören.

**Gänsemarsch** Meerschweinchen erkunden neues Terrain, indem ein ranghohes Tier voran geht und die rangniederen Meerschweinchen in einer Reihe hinterherlaufen.

Körperkotakt ist bei Meerschweinchen untypisch und in Angstsituationen oder bei Jungtieren zu beobachten.

**Luftsprünge, Popcornen** Beim Popcornen springt das Meerschweinchen mit allen vieren in die Luft und schüttelt dabei den Körper, teils geben sie dabei auch Laute von sich. Manchmal kann man beobachten, dass sie dazwischen kurz reflexartig losrennen. Popcornen ist eine Übersprungshandlung, die Ausgelassenheit, aber auch Erleichterung ausdrückt. Besonders junge Meerschweinchen sind häufig dabei zu beobachten. Ansonsten sieht man es oft, wenn die Meerschweinchen in den Auslauf oder in das frisch gereinigte Gehege gelassen werden.

**Kopf nach oben werfen** Den Kopf nach oben werfen ist immer als Drohgebärde gegenüber anderen Meerschweinchen oder dem Menschen zu verstehen. Sie fordern dadurch auf, mehr Abstand einzuhalten. Oft wird sie von Menschen als Aufforderung fehlinterpretiert, das Meerschweinchen (weiter) zu streicheln. Dabei werden oft die Zähne gezeigt oder das Maul aufgerissen. Manche Meerschweinchen machen sich auch extra groß und strecken ihre Beinchen und sträuben ihr Fell, um zu drohen.

**Aufreiten** Meistens wird das Verhalten von ranghohen Weibchen und Böckchen gezeigt, um ihren Rang klarzumachen. Es kann aber auch der Fortpflanzung dienen.

**Erstarren** Starke Angst löst ein Erstarren bei Meerschweinchen aus, besonders wenn sie keine Fluchtmöglichkeit haben. Dies wird häufig beim Streicheln mit einem genussvollen Dulden verwechselt.

〈 Beim Bromseln wird ein wiegender, staksiger Gang gezeigt.

∨ Der Gänsemarsch ist häufig zu beobachten, wenn sich etwas im Gehege verändert hat.

∧ Das obere Meerschweinchen zeigt natürliches Dominanzverhalten, es möchte ranghoch sein.

〉 Erstarren mit nach oben gehaltenem Kopf wird in Konfliktsituationen mit Artgenossen gezeigt.

> Wer kommt? Meerschweinchen sind ausgesprochen neugierig.

∨ Wird es brenzlig, verschwinden die Meerschweinchen ins nächste Versteck.

∧ Putzverhalten kann man nach Stresssituationen oder zur Körperpflege beobachten.

∧ Diese beiden Meerschweinchen haben einen Konflikt, das linke erstarrt während das rechte sich ihm nähert.

> Als Fluchttiere lauschen Meerschweinchen häufig, um Gefahren frühzeitig erkennen zu können.

**Fliehen** Meerschweinchen haben in der Natur viele Feinde und sind ständig auf der Hut. Sie fliehen, wenn sie sich erschrecken, z. B. durch ein Geräusch.

**Kuscheln** Meerschweinchen suchen nicht von sich aus den Körperkontakt zueinander, sondern legen sich immer mit Abstand hin. Nur bei starker Angst rücken sie zusammen und können sich sogar übereinander stapeln.

**Auf der Seite liegen** Nur entspannte Meerschweinchen, die sich sicher fühlen, legen sich auf die Seite.

**Gegenseitige Fellpflege** Meerschweinchen putzen sich die Augen, Nase oder Ohren, um so auszudrücken, dass sie ein anderes Tier mögen.

**Po über den Boden reiben** Meerschweinchen geben dadurch ein Sekret aus den Duftdrüsen an ihre Umgebung ab, um ihr Revier zu markieren.

**Kotfressen** Es ist normal, dass Meerschweinchen ihre Ausscheidungen aufnehmen, so können sie unverdauliche Bestandteile, die im Blinddarm aufbereitet wurden, bei erneuter Aufnahme im Dünndarm resorbieren. Insbesondere Vitamine, wie z. B. B-Vitamine und Vitamin K, aber auch Fettsäuren und Aminosäuren.

**Urin spritzen** Meerschweinchenweibchen können Urin verspritzen, wenn ihnen ein anderes Meerschweinchen zu nahe kommt, um den Artgenossen abzuwehren.

## Lautsprache

**Lautes Pfeifen (Quieken)** Ursprünglich um die Artgenossen zu warnen oder die Mutter zu rufen. Die meisten Meerschweinchen pfeifen, wenn sie ein Geräusch hören, dass sie mit der Futtergabe verbinden, z. B. wenn man das Zimmer betritt oder mit einer Plastiktüte raschelt. Nicht zu verwechseln mit Hunger!

**Leises Pfeifen** Über leisere Laute kommunizieren Meerschweinchen miteinander, besonders wenn sie in einem engeren Unterschlupf zusammentreffen.

**Lautes schrilles Quietschen** In Streitsituationen zwischen zwei Meerschweinchen kann man diesen Laut hören.

**Brommseln, Brummen** Das Böckchen umwirbt mit diesem Laut das Weibchen, auch brünstige Weibchen machen diesen Laut. Zur Deeskalation brommseln Meerschweinchen bei Streit.

**Leises Brummen, „Schnurren"** Das Geräusch wird häufig als „Schnurren" fehlinterpretiert, wenn Meerschweinchen gestreichelt werden. Sie versuchen damit, den Menschen oder Artgenossen abzuwehren und auf Abstand zu halten.

**Zwitschern, Cirpen** Das Geräusch ist selten, insbesondere abends oder nachts zu hören und klingt wie ein Vogel. Tritt es häufiger auf, sollte die Gruppenzusammenstellung und das Platzangebot überprüft werden, die Tiere scheinen stark gestresst zu sein.

**Zähneklappern** Das Zähneklappern ist eine deutliche Drohgebärde in einer Streitsituation.

**Zähnemahlen** Meerschweinchen mahlen mit den Zähnen, wenn sie sich wohlfühlen und um Unregelmäßigkeiten zu schleifen, denn ihre Zähne wachsen lebenslang nach. Es kann aber auch Ausdruck von Unsicherheit, Angst oder Schmerzen sein.

# Umgang mit Meerschweinchen

## Vertrauen aufbauen

Damit deine Meerschweinchen zahm werden, lässt du sie am besten freiwillig auf dich zukommen, denn wenn man sie einfängt, zerstört man das Vertrauen und sie werden scheu.

**An Alltagsgeräusche gewöhnen** Sind deine Meerschweinchen noch sehr ängstlich und verkriechen sich im Haus, dann lass sie erst mal die Alltagsgeräusche wie z. B. den Staubsauger kennenlernen und sich eingewöhnen.

**Zweige als Schutz** Haben sie sich an die Umgebung gewöhnt und schauen auch zum Fressen aus den Häuschen, sind aber noch sehr scheu, so kannst du Zweige über die Einrichtung legen, damit sie sich geschützter fühlen. Häuschen mit offenen Seiten und Unterstände auf vier Beinen sind ebenfalls hilfreich.

**Zeit** Verbringe Zeit mit deinen Tieren, so können sie sich an dich und deine Stimme gewöhnen. Lese ein Buch neben dem Gehege oder telefoniere im gleichen Raum und biete immer wieder leckeres Futter an. Irgendwann verlieren sie die Scheu und kommen auch hervor, wenn du Futter bringst.

Versuche dich nicht zu bewegen, wenn du Futter anbietest, damit sie weniger Angst haben.

Es kann hilfreich sein, das Lieblingsfutter herauszufinden und als Leckerli anzubieten.

**Aus der Hand** Dann kannst du dich reglos daneben setzen und wenn sie das gewöhnt sind, auch die Hand in die Nähe des Futters halten. Mit der Zeit werden sie sogar aus der Hand fressen.

## An Berührungen gewöhnen

Damit du deine Meerschweinchen gut untersuchen kannst, müssen sie an Berührungen gewöhnt werden. Das klappt erst, wenn sie so zahm sind, dass sie problemlos aus der Hand fressen. Körperkontakt ist für Meerschweinchen unangenehm (siehe S. 73). Biete etwas besonders Leckeres an und berühre sie beim Fressen ganz vorsichtig mit einem Finger. Wiederhole die Übung regelmäßig und weite den Körperkontakt zunehmend aus. Mit der Zeit lernt dein Meerschweinchen, dass die Berührung mit Futter verknüpft ist und erduldet sie. Wenn es so weit ist, kannst du es kurz anheben und direkt mit seinem Lieblingsfutter belohnen. Setze es erst ab, wenn es sich auf der Hand beruhigt hat und das Futter nimmt.

Verliere nicht die Geduld, wenn es nicht gleich klappt, Ausdauer und Geduld werden belohnt.

### Do!

- Begebe dich auf Augenhöhe, damit deine Meerschweinchen weniger Angst haben
- Locke sie mit Futter
- Halte dich länger bei deinen Meerschweinchen auf
- Spreche ruhig mit ihnen, um sie an deine Stimme zu gewöhnen
- Stelle das Gehege in einen Raum, in dem du dich viel aufhältst
- Lass die Meerschweinchen selbständig auf dich zukommen

### Don't

- Hastige Bewegungen
- Laute Geräusche
- Meerschweinchen zum Kuscheln hochheben
- „Zwangskuscheln“
- Fell gegen die Wuchsrichtung streicheln
- Pieksen, erschrecken, ärgern oder von oben annähern
- Kinder Meerschweinchen anheben lassen
- Hinterherlaufen oder jagen, wenn sie fliehen
- Beim Ruhen im Häuschen stören oder wecken

Do!

## Richtig anheben

1. Im ersten Schritt sollten die Meerschweinchen mit Futter an den Menschen gewöhnt werden. Dafür setzt man sich regelmäßig zu den Tieren, gewöhnt sie an die Anwesenheit (z. B. indem man ein Buch im Gehege liest) und an die Hände, indem man sie füttert. In dieser Phase dürfen sie noch nicht angehoben werden.
2. Im zweiten Schritt werden die Meerschweinchen an Berührungen gewöhnt.
3. Nun kann man sanft vorne und hinten für wenige Sekunden anheben, während das Meerschweinchen mit seinem Lieblingsfutter belohnt und abgelenkt wird.
4. Erst wenn sich das Meerschweinchen an die Schritte davor gut gewöhnt hat, kann man es wie gezeigt anheben, ...
5. ... möglichst schnell zum Körper führen und halten.

Don't

Hebe dein Meerschweinchen niemals an den Beinen oder am Brustkorb hoch.

## Wann nimmt man sie hoch?

Meerschweinchen werden nur für den Check-up, Tierarztbesuche oder zum Umsiedeln (z. B. während deines Urlaubs) angehoben, nicht aber zum Kuscheln, denn das mögen sie gar nicht! Das bezweckt nur, dass sie wieder scheu werden. Beim Ausmisten sollte man erst die eine Gehegehälfte reinigen, und wenn diese sauber ist, die andere. So können sich die Meerschweinchen während der Reinigung immer auf der jeweils anderen Seite verkriechen. Wenn deine Meerschweinchen Auslauf bekommen, baust du ihnen am besten einen Zugang zum Gehege, den sie selbstständig nutzen können.

## Meerschweinchen stressfrei fangen

Da Meerschweinchen ungern angefasst werden, kann man sie in eine Transportbox oder eine Röhre lotsen und damit anheben. Das klappt am einfachsten, indem man nach und nach alle anderen Häuschen und Unterschlüpfe entfernt, sodass sie in der Transportbox oder Röhre Schutz suchen. Verschließe die Röhre beim Anheben beidseitig mit deinen Händen und die Transportbox mit dem Türgitter, damit es zu keinen Verletzungen kommt.

## An andere Tiere gewöhnen

### Kaninchen ...

... und Meerschweinchen sprechen unterschiedliche Sprachen, jede Art braucht deshalb eigene Sozialpartner. Ein Kaninchen ersetzt niemals ein anderes Meerschweinchen! Möchte man sie unbedingt zusammenhalten, sollte das Gehege mindestens 15 $m^2$ groß sein. Für die Meerschweinchen bietet man große Häuschen mit kleinen Eingängen als Rückzugsbereich an und für die Kaninchen erhöhte Ebenen. Manche Kaninchen reagieren aggressiv auf Meerschweinchen, eine Garantie, dass das Zusammenleben klappt, gibt es nicht. Meerschweinchen und Kaninchen werden einfach unter strenger Aufsicht zusammengesetzt, eine Vergesellschaftung oder Rangkämpfe gibt es nicht. Wird ein Meerschweinchen angegriffen, ist der Versuch gescheitert. Meerschweinchen leben oft lieber in einem eigenen Gehege. Manche Erreger können gesunde Kaninchen auf Meerschweinchen übertragen und so Erkrankungen auslösen (z. B. E. Cuniculi und Schnupfenerreger).

### Hunde und Katzen ...

... sind Raubtiere, sie sehen Meerschweinchen als Beutetiere und können sie jagen. Das Gehege sollte deshalb mit einem stabilen Deckel geschützt oder (für kleine Hunde) erhöht geplant werden. Manche Hunde und Katzen, gerade wenn sie mit Meerschweinchen aufwachsen, sehen die Meerschweinchen als Familienmitglieder, eine Garantie gibt es jedoch nie, der Instinkt kann jederzeit wach werden.

Katzen sollten bei den ersten Kontakten zu den Meerschweinchen streng beaufsichtigt werden.

für Kids

# Pappkarton-Labyrinth

für alle Sinne

Abwechslung

# Das brauchst du:

1. Mehrere kleinere Pappkartons
2. Ein Küchenmesser oder Cuttermesser
3. Leckeres Futter

# So wirds gemacht:

**Schritt 1** Schneide mehrere Eingänge in die Kartons und stelle sie so aneinander, dass die Eingänge zueinander passen und deine Meerschweinchen über die Durchgänge von Karton zu Karton wechseln können.

**Schritt 2** Du kannst die Kartons auch umdrehen, so dass deine Meerschweinchen ein Dach über sich haben, gerade ängstliche Meerschweinchen fühlen sich so wohler.

**Schritt 3** Wenn du nur große Kartons hast, kannst du Kartonstreifen zuschneiden und damit ein Labyrinth aufbauen.

**Schritt 4** Stelle das Labyrinth in das Gehege deiner Meerschweinchen oder in den angrenzenden Auslauf.

**Schritt 5** Verstecke leckeres Frischfutter im Labyrinth, sodass die Meerschweinchen beim Erkunden die Leckereien finden. Wenn du etwas wartest und beobachtest, werden deine neugierigen Meerschweinchen bald das Labyrinth ganz von alleine finden und nach Fressbarem suchen.

**Do!**

Lass dir von einer erwachsenen Person zeigen, wie man mit dem Messer richtig umgeht, wenn du damit noch nicht geübt bist. Oder ihr bastelt das Labyrinth miteinander.

# Meerschweinchen Check-up

⟶ Meerschweinchen sind Fluchttiere, wenn sie Krankheitszeichen zeigen, werden sie in der Natur aus der Gruppe gemobbt – das ist meist das Todesurteil für sie. Deshalb merkt man ihnen Krankheiten erst sehr spät und sehr dezent an. Durch die hier aufgeführten Check-ups kannst du diese frühzeitiger erkennen.

### Sind alle gesund?

Beobachte deine Meerschweinchen zweimal täglich genau, um Krankheiten rechtzeitig festzustellen.

- **Fressverhalten** Fressen alle Meerschweinchen normal, kommen sie wie gewohnt zur Fütterung?
- **Verhalten** Verhalten sich alle Meerschweinchen wie sonst? Oder kommt ein Meerschweinchen nicht wie gewohnt zur Fütterung? Veränderungen sind meist Krankheitsanzeichen, wird ein Tier gemobbt (Krankheitsanzeichen) oder ist aggressiv (Schmerzen)?
- **Kot** Ist er normal geformt oder breiig, Durchfall, klein und hart ...? Urinabsatz und Urin normal oder sandig-schleimig? Oranger oder roter Urin tritt durch Pigmente im Futter auf.

## Wöchentlicher Meerschweinchen-TÜV

Nimm dir einmal in der Woche Zeit, die Meerschweinchen genauer zu untersuchen, z. B. beim Ausmisten. So kannst du Erkrankungen frühzeitig erkennen.

### Gewichtskontrolle 1

Stelle eine Babywaage auf den Boden und lege eine rutschfeste Unterlage darauf. Mutige Meerschweinchen trauen sich mit einem Leckerli auf die Waage, scheuen Tieren stellt man am besten das Häuschen darauf und entfernt alle anderen Häuschen im Gehege. Führe die Gewichtskontrolle immer zum gleichen Zeitpunkt durch, z. B. vor der Morgenfütterung. Gewichtszunahmen sollten mit einer Ernährungsanpassung korrigiert werden, außer dein Meerschweinchen ist im Wachstum oder untergewichtig. Abnahmen von mehr als 50 g sollten in den Folgetagen durch wiederholtes Wiegen kontrolliert werden. Nimmt es weiter ab, so muss es einer meerschweinchenkundigen Tierärztin oder einem Tierarzt vorgestellt werden. Es können Zahnerkrankungen, Darmparasiten und viele weitere Ursachen dahinter stecken.

### Nase 2

Ist die Nase sauber und trocken? Oder hat das Meerschweinchen Ausfluss (flüssig oder eitrig) oder niest? Sind Krusten oder andere Veränderungen Krankheitsanzeichen an der Nase sichtbar?

## Gewichtseinstufung

| | | |
|---|---|---|
| Mager | 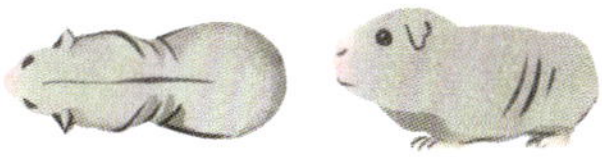 | • Jede einzelne Rippe ist sehr gut zu ertasten. Hüfte und Wirbelsäule stehen hervor, sind sehr gut sichtbar und können mit der geringsten Berührung ertastet werden.<br>• Die Unterbauchkurve ist zu sehen, die Wirbelsäule erscheint gebeugt. |
| Sehr dünn | 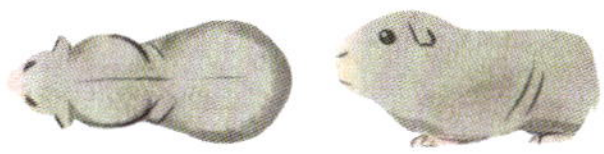 | • Jede Rippe ist leicht zu ertasten, steht aber nicht vor.<br>• Hüfte und Wirbelsäule sind ohne Druck leicht zu spüren.<br>• Die Unterbauchkurve ist weniger ausgeprägt. |
| Ideal | 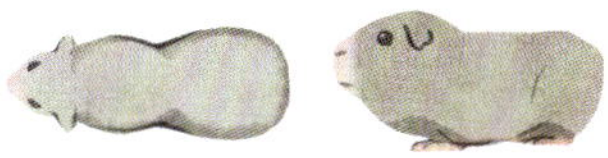 | • Die Rippen stehen nicht hervor und können nicht einzeln ertastet werden.<br>• Hüfte und Wirbelsäule sind nicht sichtbar, aber tastbar.<br>• Keine Bauchkrümmung, Brust schmaler als das Hinterteil. |
| Übergewichtig |  | • Die Rippen sind nicht einzeln tastbar.<br>• Hüfte und Wirbelsäule sind schwer zu ertasten.<br>• Die Füße sind nicht immer sichtbar. |
| Fettleibig | 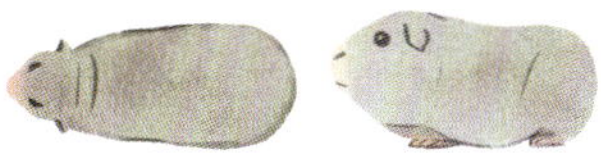 | • Rippen, Wirbelsäule und Hüfte sind nicht mehr oder nur unter Druck zu fühlen und liegen unter einer dicken Fettschicht.<br>• Es ist keine Taille vorhanden.<br>• Der Bauch berührt den Boden, wenn das Meerschweinchen steht. Füße sind nicht zu sehen. |

### Augen 3

Sind die Augen glänzend, ohne Ausfluss und sauber? Oder sind sie trüb, haben Ausfluss (flüssig oder eitrig), sind Fremdkörper oder Flecken im Auge? Dann sollte unbedingt der Tierarzt aufgesucht werden! Sind die beiden Augen symmetrisch oder steht eines weiter hervor, wenn man von vorne schaut?

### Kauverhalten

Veränderungen im Kauverhalten sind ein Hinweis auf Zahnerkrankungen. Wenn man seine Meerschweinchen zumindest einmal wöchentlich genau beobachtet, merkt man recht früh, wenn sie Zahnerkrankungen haben und dadurch anders kauen. Wird langsamer gekaut, nur einseitig oder fällt Futter aus dem Maul? Kaut das Meerschweinchen ewig auf dem Futter herum oder frisst selektiv nur bestimmtes Futter (z. B. weiches Futter und verschmäht Heu)?

### Zahnkontrolle 4

Während die Backenzähne nur ein Tierarzt kontrollieren kann, können wir als Halterinnen und Halter sehr einfach anhand der Schneidezähne feststellen, wenn eine Backenzahnerkrankung vorliegt. Dafür wird die Lippe des Meerschweinchens seitlich bei Seite geschoben, sodass man die Zähne seitlich begutachten kann. In der Zeichnung wird erklärt, wie die sichtbare Stufe aussieht, die an den Schneidezähnen das Kriterium für eine Backenzahnerkrankung ist.
Die Schneidezähne selbst werden am besten von vorne angeschaut, dafür werden beide oberen Lippen kurz beiseite geschoben.
Sie sollten beide gleich groß/breit, weiß, und gleich lang sein. Ist die Kaufläche schief oder ungleich abgenutzt, hat der Zahn Verfärbungen, Querrillen oder ist einer dicker als der andere, so liegt eine Zahnerkrankung vor. Schon kleinste Veränderungen können ein Hinweis auf ein schwereres Zahnproblem sein. Indem man rechts und links entlang des Kiefers tastet, kann man zudem unsymmetrische Knubbel spüren, die ein Hinweis auf Kieferabszesse sind.

### Ohren 5

Die Ohren sollten sauber, frei von Schuppen und Belägen sein.

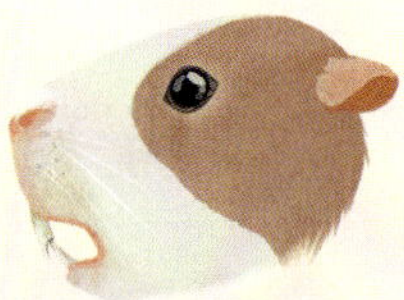

Die Stufe und der vorgeschobene Kiefer sind ein Hinweis auf Zahnerkrankungen.

Keine Stufe ist zu sehen, meist ist der Unterkiefer zurückverlagert – das Meerschweinchen ist zahngesund.

### Achtung Fliegenmaden!

Befindet sich Kot oder Urin im Fell, werden Fliegen angelockt und legen ihre Maden auf dem Meerschweinchen ab, die es anschließend innerlich auffressen. Um das zu verhindern, sollten Tiere, die sich nicht sauber halten, mit Spot-ons vom Tierarzt oder durch Fliegengitter geschützt sowie täglich kontrolliert und sauber gemacht werden. Sprich mit deiner meerschweinchenkundigen Tierärztin oder deinem Tierarzt, um die Ursache zu beheben.

3
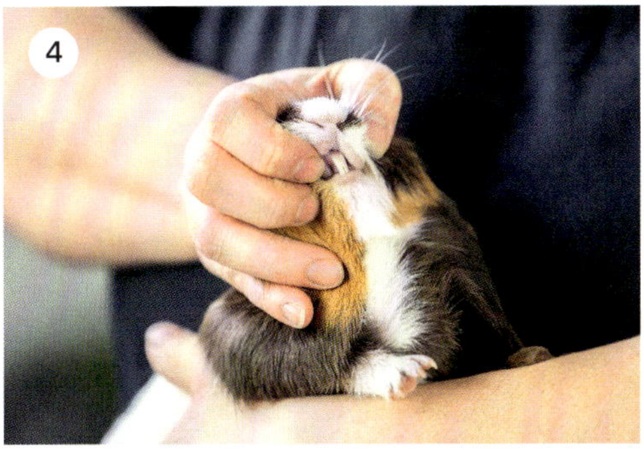
4
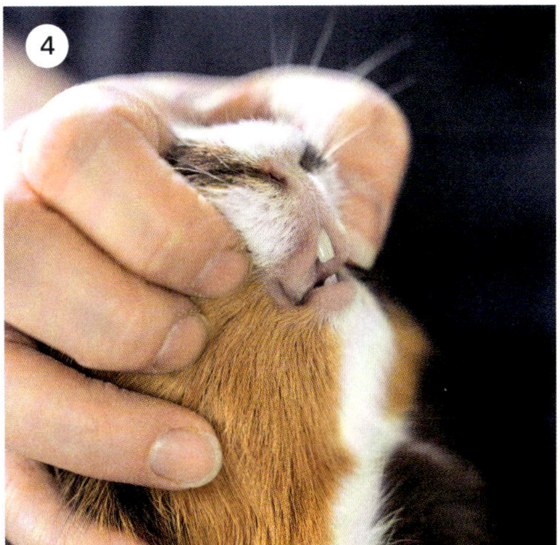
4

5

6

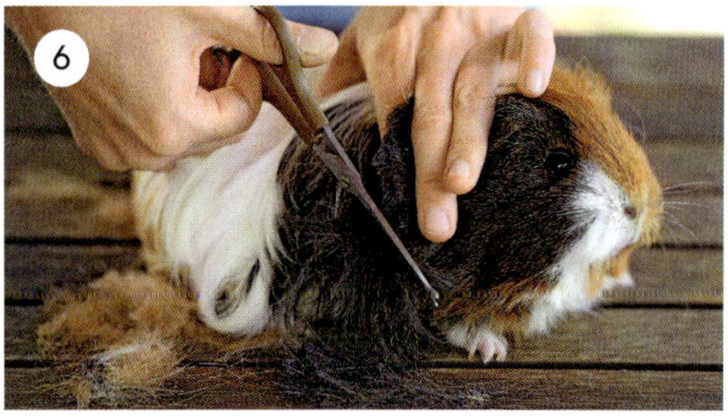
6

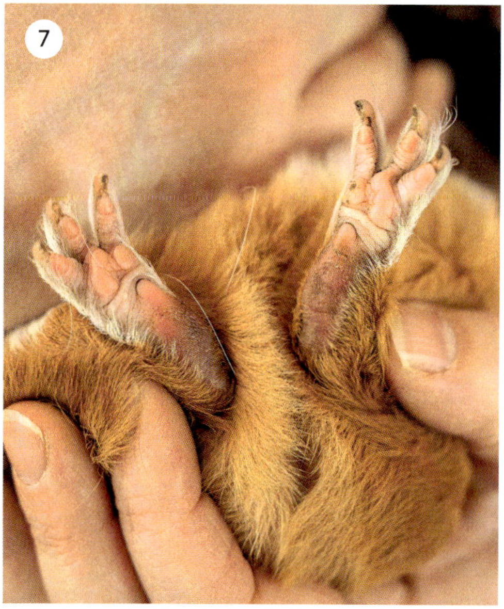
7

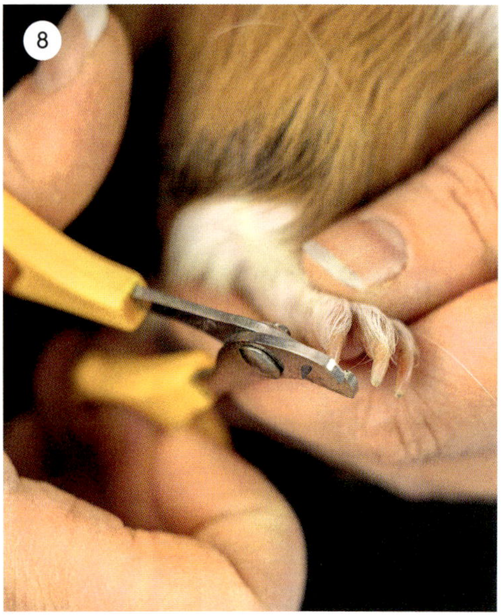
8

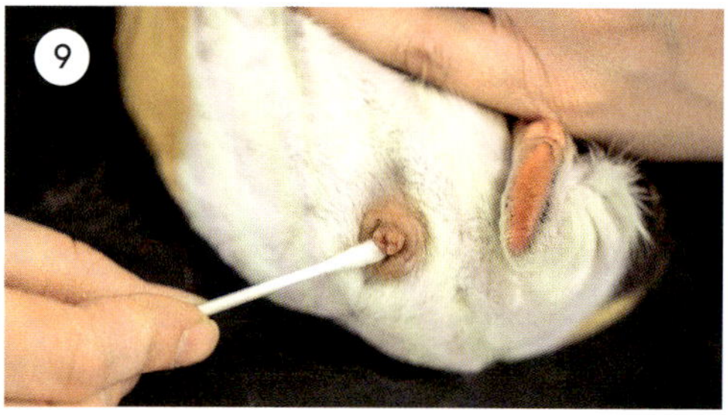
9

### Fell und Haut 6

Meerschweinchen neigen zu Hauterkrankungen, die durch folgende Anzeichen sichtbar werden: Schuppen, Beulen, Schwellungen, Rötungen, Wunden, schwarze Punkte, Kahlstellen (außer hinter den Ohren und unten und seitlich an den Füßchen).
Meerschweinchen mit längeren Haaren benötigen intensive Fellpflege. Verfilzungen werden vorsichtig herausgeschnitten, das Fell so gekürzt, dass es nicht auf den Boden hängt und das Blickfeld frei ist.

### Pfotenballen 7

Sind die Pfötchen sauber, rosa (bei hellen Füßchen) und sind keine Wunden oder Schwellungen zu sehen?

### Krallen schneiden 8

Je nach Haltungsform nutzen sich die Krallen nicht ausreichend ab oder rollen sich ein. Jede Kralle enthält einen Nerv, bei hellen Krallen schimmert er durch. Dieser darf nicht verletzt werden (siehe Zeichnung). Am besten lässt man es sich in der Tierarztpraxis oder von einer erfahrenen Person zeigen. Auch Zubildungen aus Hornhaut an den Füßchen sollten entfernt werden. Die Hornhaut ist abgestorben, d. h. sie kann bis knapp über der Haut mit einer Nagelschere oder einem Klipser gekürzt werden. Damit der kleine Rest auf der Haut nicht stört, weicht man ihn mit Creme ein, dann kann man ihn anschließend komplett entfernen.

### Intimpflege 9

Ist alles sauber? Oder seht ihr Kot, ist es nass oder sind Krusten vorhanden? Beim Böckchen müssen die Perinealtaschen überprüft und ggf. gereinigt werden, eine erfahrene Person kann es zeigen. Neben den Perinealtaschen ist auch die Pflege vom Penis beim Bock wichtig. Es können sich Einstreu, Heu und Haare um den Penis wickeln und mechanische Probleme verursachen. Es ist daher sinnvoll, ihn gelegentlich komplett auszuschachten und im Bedarfsfall von Fremdkörpern zu befreien. Es kann außerdem zum Penisvorfall kommen, dabei hängt der Penis hervor und schleift über die Einstreu.

Korrekte Schnittführung

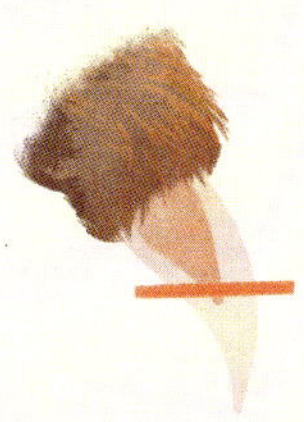

Der Nerv wird verletzt, es blutet.

Falscher Winkel

## Meerschweinchen baden?

Meerschweinchen dürfen generell nicht gebadet werden, da sie dadurch unter starken Stress gesetzt werden und sich verkühlen können. Gesunde Meerschweinchen halten sich durch Körperpflege von selbst sauber. Eine Ausnahme können Meerschweinchen mit Inkontinenz, Durchfall oder anderen groben Verschmutzungen sein, oftmals muss jedoch z. B. nur das Hinterteil gebadet werden, während der restliche Körper trocken bleiben kann. Auch auf tierärztlichen Rat hin kann ein Bad notwendig werden, z. B. bei Pilzbefall.

# Fellpflege-tunnel

## Bürstenversteck

### Mein Tipp

Meerschweinchen wechseln regelmäßig ihr Fell, damit man sie nicht unnötig stressen muss, sind Fellpflegetunnel ideal. Die Meerschweinchen kämmen sich so beim Hindurchlaufen automatisch lose Haare aus dem Fell.

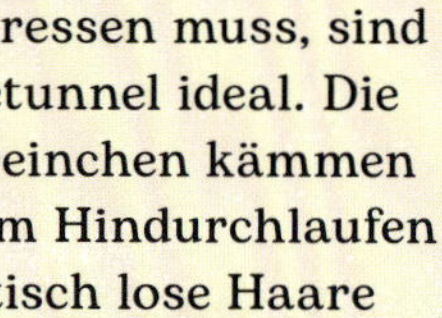

# Das brauchst du:

**Aus dem Baumarkt:**

1 3 gleiche Holzbretter mit 20 cm Breite und ca. 80 cm Länge

2 3 – 4 Bürsten mit natürlichen Borsten, z. B. Palmfaser oder Kokos

3 Rundstab (ca. 40 cm)

4 Leim

5 4 Metallwinkel

6 Kurze Schrauben

7 Optional: Spielzeuglack

**Außerdem:**

8 Schraubenzieher oder Akkuschrauber

9 Handsäge

# So wirds gemacht:

**Schritt 1** Schraube drei Bretter in U-Form mit den Winkeln an den Längsseiten zusammen, sodass ein Tunnel entsteht.

**Schritt 2** Schneide den Rundstab so zu, dass du zwei Stäbe mit dem Durchmesser des Tunnels hast.

**Schritt 3** Klebe die Stäbe am Anfang und Ende des Tunnels in die Öffnung als Querverbindung mit dem Leim fest, damit der Tunnel stabiler steht.

**Schritt 4** Stelle das Labyrinth in das Gehege deiner Meerschweinchen oder in den angrenzenden Auslauf.

**Schritt 5** Die Bürsten werden ebenfalls mit Leim am Tunnel befestigt. Zwei sollten versetzt auf beiden Seiten und die dritte am Dach angebracht werden.

**Optional** Male den Tunnel mit Spielzeuglack in der gewünschten Farbe an. Der Lack versiegelt die Oberfläche, sodass er leicht abwischbar und hygienisch bleibt.

**Wartung** Wenn der Tunnel in Betrieb genommen ist, solltest du die Bürsten regelmäßig von losen Haaren befreien.

# Das kranke Meerschweinchen

⟶ Informiere dich am besten jetzt schon und suche eine passende Tierarztpraxis heraus, denn wenn die Tiere krank sind, ist man froh, wenn man gut vorbereitet ist.

## Schmerzen erkennen

Dein Meerschweinchen zieht sich zurück, frisst weniger oder gar nichts, bewegt sich weniger oder verändert sein Verhalten? Es macht einen Buckel, sträubt sein Fell, knirscht mit den Zähnen oder hat halb geschlossene Augen? Es wälzt sich, ist aggressiv dir oder seinen Artgenossen gegenüber oder humpelt?
Die genannten und jede andere Verhaltensänderung können Anzeichen für Schmerzen sein. Beobachte deine Meerschweinchen genau, damit du das Normalverhalten kennst und dir auffällt, wenn sich etwas verändert. Meerschweinchen leiden still und teilen sich uns nicht mit, deshalb ist deine feine Beobachtungsgabe gefragt, um rechtzeitig helfen zu können.

## Wann muss ich zum Tierarzt?

Da Meerschweinchen Krankheitsanzeichen erst sehr spät zeigen, sollte man jedes kleine Anzeichen ernst nehmen und zeitnah eine meerschweinchenkundige Tierärztin oder einen Tierarzt aufsuchen.
Sollte es deinem Meerschweinchen nicht gut gehen, so stellt sich die Frage, ob man bis zum nächsten Werktag warten kann, oder einen tierärztlichen Notdienst in Anspruch nehmen muss. Ist dein Meerschweinchen

Stelle die Transportbox mit Futter ins Gehege, damit sich deine Meerschweinchen an sie gewöhnen …

… und sie nicht nur mit dem Tierarzttermin und Autofahrten verbinden.

Eine mit Frucht-Babygläschen gefüllte Spritze kann regelmäßig als Leckerli gegeben werden, im Bedarfsfall kann man Medikamente mit reinmischen.

zurückgezogen, schlapp, schwer verletzt oder frisst nicht, so ist das immer ein Fall für den Bereitschaftsdienst. Bist du dir unsicher, solltest du dort telefonisch nachfragen. Wenn wir einmal keinen Appetit haben, müssen wir nicht sofort zum Arzt gehen. Bei Meerschweinchen ist es anders, Nahrungsverweigerung ist bei ihnen eine ernst zu nehmende Erkrankung, die schnell lebensbedrohlich werden kann und ohne Verzögerung im tierärztlichen Notdienst behandelt werden muss. Keinesfalls darf man abwarten.

## Hausapotheke und Erste Hilfe

Eine kleine Hausapotheke ist wichtig, gerade durch die Fahrt zum weit entfernten tierärztlichen Notdienst kann die Erstversorgung Leben retten. Notfallmedikamente für die Verdauung sind für den Fall der Fälle wichtig. Mehr Infos und Tipps zur Apotheke und Ersten Hilfe erhältst du hier: https://meerschweinchenwiese.de/pflege/hausapotheke

## Medikamente eingeben und Medical Training

Um dir und deinen Meerschweinchen Stress bei der Medikamentengabe zu ersparen, kannst du sie an ein Leckerli gewöhnen, das im Bedarfsfall gut Medikamente aufsaugt. Ich verwende dafür ein handelsübliches Trockenfutter und tunke vor der Gabe ein Stückchen in Wasser. Wenn eines meiner Meerschweinchen Medikamente nehmen muss, lasse ich das Medikament in die Leckerlis einziehen. Schmeckt das Medikament nicht allzu eklig, so wird es dann freudig mitgefressen. Mit Frucht-Babygläschen kann man Meerschweinchen zudem an die Spritze gewöhnen.

Do!

### Meerschweinchen-kundiger Tierarzt

Meerschweinchen gelten als Exoten in der Tiermedizin, im Grundstudium werden sie nur am Rande behandelt. Auch wenn viele Kleintierärzte Nager mitbehandeln, fehlt es meist an entscheidendem Wissen, um die Ursache für eine Erkrankung herauszufinden und gezielt zu behandeln. Fehlbehandlungen sind nicht nur nervenaufreibend und teuer, sondern können Meerschweinchen, denen man die Erkrankungen oft erst sehr spät ansieht, das Leben kosten. Suche dir deshalb unbedingt eine meerschweinchenkundige Tierarztpraxis, die sich speziell auf Kleinsäuger spezialisiert hat. Im Internet findest du auf meiner Website eine Übersicht: https://meerschweinchenwiese.de/gesundheit/meerschweinchen-tierarzt

# Service

Weitere Infos für dich

# Zum Weiterlesen

## Bücher

Ewringmann, Anja und Barbara Glöckner: **Leitsymptome bei Meerschweinchen, Chinchilla und Degu.** Diagnostischer Leitfaden und Therapie. Enke

Koldau, Linda Maria: **Meerschweinchen.** Haltung, Beschäftigung, Verhalten und Gesundheit. Kosmos

Morgenegg, Ruth: **Artgerechte Haltung ist ein Grundrecht - auch für Meerschweinchen.** tbv tierbucherverlag

Müller, Isabell: **Clickertraining** für Kaninchen, Meerschweinchen & Co. Ulmer

Wilde, Christine: **Handbuch Meerschweinchen.** Haltung, Pflege, Verhalten und Beschäftigung. Kosmos

## Im Internet

- www.meerschweinchenwiese.de
- www.diebrain.de
- www.sifle.de
- www.ethologie.de (Forschung zum Verhalten von Meerschweinchen von Prof. Dr. Norbert Sachser)

### Zum Weiterhören

Meerschweinchenwiese.de – Dein Meerschweinchen-Podcast

## Zuchtverband

meerschweinchenfreunde.de

## Übersicht Notstationen

www.notmeerschweinchen.de

# Nützliche Links

## Meerschweinchen-Schutzvereine

- Aktiv für Meerschweinchen e. V.
- Heuwusler e. V.
- Meerschweinchen-Nothilfe-Hamburg e. V.
- Kleintierhilfe München e. V.
- Meerschweinchenhilfe e. V.
- Notmeerschweinchen.de e. V.
- Meerschweinchen in Not e.V
- Insel für Meerschweinchen in Not e. V.
- SOS Meerschweinchen e. V.
- Gebrauchtmeerschweinchen e. V.
- Cavia Care e.V.

## Pflanzenbestimmung

App (mit Fotos Pflanzen bestimmen):
Flora Incognita

## Frischfutter

Auch für Meerschweinchen geeignet:

- kaninchenkiste.de
- deinkaninchenfutter.de
- hasenhaus-im-odenwald.de
- gruenhopper-kaninchenfutter.de

## Zubehör

- www.anni-sophie.com
- www.kuschelschwein.de
- www.knastladen.de
- www.meerchenwald-shop.de
- www.schweinhausen.org
- www.qjutiepie.com
- villa-meerchentraum.de
- boehnchenfabrik.flyermaster.de
- www.lazzyys-kuschelshop.de
- nagetierhaus-schuetz.de
- resch-nagerhaus.at (Österreich)
- mrsdaldo.de
- nager-immobilien.de (Schweiz)
- meerschweinchengaudi.ch (Schweiz)

## Innengehege

Bitte immer die Mindestmaße beachten

- Songmics® – Gehege zum Zusammenstecken
- www.meerschweinchenzuhause.de
- kleintiervilla.de
- www.kleintiertraum.ch (Schweiz)

## Außengehege

- www.keeping-life.com
- Diverse Volierenbauer
- www.fuchs-kleintierstallbau.ch (Schweiz)

## Sonstiges

- Merkblätter der Tierärztlichen Vereinigung für Tierschutz: www.tierschutz-tvt.de
- Meerschweinchen-Führerschein: haustierfuehrerschein.de
- Seminare: tieraerztin-ruf.de
- schweinzelhaltung.de – gegen Einzelhaltung

# Register